Das Geographische Seminar
Praktische Arbeitsweisen

Herausgegeben von Prof. Dr. Edwin Fels,
Prof. Dr. Ernst Weigt und
Prof. Dr. Herbert Wilhelmy

Fritz Fezer

Karteninterpretation

Georg Westermann Verlag

Dem Andenken an
Prof. Dr. HERMANN LAUTENSACH *(1886–1971)*
gewidmet

1. Auflage 1974
Verlagslektor: Klaus Höller
Layout: Dieter Küstner
Hersteller: Bernd Kühling
Kartographie: Joachim Zwick, Gießen
Gesamtherstellung: Westermann, Braunschweig 1974

ISBN 3-14-**160242**-5

Inhalt

Vorwort 8

Einleitung 9

Gewässer und Talnetz 13
Wasserscheiden und Einzugsgebiete 13
Integrationsgrad 16
Flußdichte 18
Orientierung 19
Betrachtung eines einzelnen Flusses 22
Täler 28
Längsprofil 29
Talquerprofile 36
Quellen 40
Gletscher 40
Seen, Meere, Moore 43
Küsten 48

Relief 50
Großformen 53
Kuppen 55
Kegel 55
Plateaus mit scharfer Oberkante 57
Kämme 61
Flächen 63
Feinrelief 65
Steinbrüche, Felsfreistellungen und andere Gesteinshinweise . . . 69

Verkehr 70
Straßen 72
Eisenbahnen 75
Schiffahrtswege und Umschlagseinrichtungen 79
Flughäfen 81
Öl- und Hochspannungsleitungen, Nachrichtenverkehr 81

Namengut 83
Fluß-, Berg-, Flur- und Ortsnamen 83
Siedlungsnamen 84
Zeitlich eingrenzbare Namen in Mitteleuropa 87
Namensschichten in Großbritannien 89
Namensschichten in Frankreich 90
Funktionale und besondere Ortsnamen 91
Wüstungen 92

Siedlungen 94
Ländliche Siedlungsformen 94
Lage 95
Grundriß 97
Flurformen 101
Grenzen 104
Einzelstehende Kirchen und Klöster 105
Burgen und Festungen 105
Städte 106
Verteilung 106
Lage und Name 107
Grundriß 109

Vegetation, Tierwelt, Land- und Forstwirtschaft 115
Vegetation und Tierwelt 115
Nutzung des Offenlandes 116
Wald 119

Energiegewinnung, Bergbau, Industrie 120
Wasser-, Kern- und Wärmekraftwerke 120
Abbau und Aufbereitung von Bodenschätzen 122
Industrie 124

Raumgliederung 130

Anhang 133
Interpretationsbeispiel Aki-ta / Japan 133
Flurnamen 138

Literatur 144

Register 148

Abbildungen

Abb. 1: Wohlintegriertes, annähernd baumförmiges Flußnetz ... 14
Abb. 2: Abnahme der Anzahl der Flüsse mit steigender Ordnung 15
Abb. 3: Durch Lavaströme und Tuff-Felder gestörtes Flußnetz .. 16
Abb. 4: Durch Inlandeis gestaltetes, noch nicht integriertes Gewässernetz ... 17
Abb. 5: Flußdichtenbereiche verschiedener Gesteine ... 18
Abb. 6: Gitter aus Klufttälern in metamorphen Gesteinen ... 21
Abb. 7: Anzeigen der Schichtlagerung durch Quellen und Talrichtungen ... 21
Abb. 8: Flußnetz in einem Trockengebiet ... 22
Abb. 9: Abschätzung der Flußbreite aus Tiefe, Geschwindigkeit und Mittlerem Abfluß ... 23
Abb. 10: Verzweigter Lauf der Weichsel westlich von Lublin ... 24
Abb. 11: Muster zur Herstellung eines Deckblattes, um die Radien von Mäandern zu messen ... 25
Abb. 12: Abschätzen von Hochwassermenge und des Einzugsgebietes mit Hilfe des Krümmungsradius oder der Wellenlänge 26
Abb. 13: Kleine Flußmäander in großen Talmäandern ... 26
Abb. 14: Flußnetz aus Längstälern zwischen steilgestellten Schichten, durch einzelne Quertäler verbunden ... 27
Abb. 15: Abhängigkeit der Schleppkraft von Flüssen vom Gefälle und von der Hochwassermenge ... 30
Abb. 16: Mittlere Grenzlinien zwischen Erosion und Ablagerung . 31
Abb. 17: Völlige Umgestaltung des Längsprofils von Tälern und Fjorden durch das skandinavische Inlandeis ... 32/33
Abb. 18: Quelltöpfe und dichtes Bachnetz im undurchlässigen Gestein; Polje mit Flußschwinde und den Kreidekalken des Karstes ... 34
Abb. 19: Die wichtigsten Taltypen im Höhenlinienbild und im Querprofil ... 35
Abb. 20: Querprofile des Kochertales ... 36/37
Abb. 21: Asymmetriehäufung im Mauerner Tal und der Hallertau 38
Abb. 22: Niederterrassentreppe vor den Jungmoränen am Inn bei Gars ... 39
Abb. 23: Ermittlung der Eisdicke aus der Gletscherfläche ... 41

Abb. 24: Gletscher in N- bis SSO-Richtung in der Lewis-Kette (Rocky Mountains) 41
Abb. 25: Exposition und Grad der glazialen Umformung von Quelltrichtern 42
Abb. 26: Vulkankegel auf Hokkaido. Lavaströme dämmen ein Tal mehrfach ab 44
Abb. 27: Flüsse fächern beim Austritt aus dem Gebirge auseinander, ihre Schwemmkegel sind zum Glacis verwachsen 45
Abb. 28: Trichtermündung eines Stromes von der Größe der Elbe 49
Abb. 29: Geometrisch begrenztes Becken von Sari Gueuil in Thessalien 54
Abb. 30: Stufe des Korallenkalks südlich von Verdun 56
Abb. 31: Scharung der Höhenlinien und zugehörige Profile verschiedener Hangformen an Schichtstufen 59
Abb. 32: Faltenmulden und -sättel im Hohen Atlas 60
Abb. 33: Bestimmung des Fallens einer widerständigen Schicht . . 62
Abb. 34: Sohlental mit steilen Hängen, über die eine Kante schräg herunterzieht 62
Abb. 35: Schichtkämme laufen wie ein Schiffsbug zusammen 62
Abb. 36: Windrelief in der Namib 64
Abb. 37: Dünenformen und Windrichtung 65
Abb. 38: Ausschnitt aus der Kurischen Nehrung 67
Abb. 39: Ein Vergleich Jungmoräne/Altmoräne 68
Abb. 40: Straßenführung in verschiedenen Epochen 73
Abb. 41: Altes, flußparalleles Verkehrsnetz 74
Abb. 42: Beispiele für Eisenbahnnetze 76
Abb. 43: Steigungsbereiche verschiedener Schienenfahrzeuge 78
Abb. 44: Siedlungsgang in der Oberrheinebene und im Schwarzwald 84
Abb. 45: Siedlungsnamen auf der Halbinsel Krim 86
Abb. 46: Lage von Siedlungen im Gebirge 96
Abb. 47: Reihensiedlung Serankada in Ostceylon 98
Abb. 48: Siedlungen in verschiedener Lage, mit verschiedenen Grundrissen und Funktionen 99
Abb. 49: Für katholische Territorien typische Merkmale 102
Abb. 50: Geometrische Flur in der Provinz Entre Rios 103
Abb. 51: Gemarkungsgrenzen im Donaukniegebirge und im Zsambeker Becken westlich von Budapest 104
Abb. 52: Brückenstadt mit typischem Halbring-Wachstum 108
Abb. 53: Wachstumsringe von Casablanca 111
Abb. 54: Grundriß eines Gefängnisses 112
Abb. 55: Nach Anbau, Struktur und Bevölkerung getrennte Wirtschaftsformationen in den Bergen von Südceylon 118

Abb. 56: Schornsteinreiches Kraftwerk nahe an einer Grube in der Ville 121
Abb. 57: Zusammentreffen aller Verkehrsarten bei einem großen Industriegebiet (Duisburg) 125
Abb. 58: Eisenbahnreparaturwerk Jülich 126
Abb. 59: Chemischer Großbetrieb in Marl-Hüls 127
Abb. 60: Ziegeleien und Steinbrüche am Sudetenrand 129
Abb. 61: Ausschnitt aus der Küste von Nordhonschu 134/135

Die Abb. 56, 57, 58 und 59 sind Ausschnitte aus den Topographischen Karten 1:25000 und 1:50000. Wiedergegeben mit Genehmigung des Landesvermessungsamtes Nordrhein-Westfalen vom 6. 8. 1973 (3850).

Vorwort

Aus einer Anregung durch einige Studenten, allgemein verwendbare Deutungen und Regeln zu einer methodischen Anleitung zusammenzufassen, entstand das vorliegende Buch. Es ist mir nicht möglich, allen, die daran Anteil haben, einzeln zu danken; nennen möchte ich aber die Herren KUHNE und HORN, die einen großen Teil der Skizzen gezeichnet haben. Herr HANNUSCH hat die Daten über die Flußdichte zusammengetragen, Herr SCHWABE die über Mäander. Historische Fragen konnte ich mit meinem Vater, FRIEDRICH FEZER, besprechen, von ihm stammt auch die Flurnamenliste. Zu danken habe ich mehreren topographischen Diensten, die den Abdruck von Kartenausschnitten gestattet haben, vor allem auch den Herausgebern für ihre Anregungen und dem Verlag für seine Geduld und die großzügige Ausstattung.

Bei einem so umfassenden Gebiet ist damit zu rechnen, daß erhebliche Lücken und Fehler enthalten sind, für alle Hinweise darauf wäre ich einer kritischen Leserschaft dankbar.

Heidelberg, März 1973 FRITZ FEZER

Einleitung

Im Gegensatz zum linienhaften Vorgehen auf Exkursionen oder punktweisen Beobachtungen bei Aufenthalten und beim Studium von Einzelbeschreibungen erfassen wir bei der Karteninterpretation große Flächen und können diese gliedern und bewerten.

Es gibt keine Methode, sich schneller über einen Raum oder über einzelne Probleme eines Raumes zu informieren, als durch Lesen, Analysieren und Interpretieren von Karten. Das Lesen von Symbolen, das Erfassen von Bergformen aus Höhenlinien- oder Schraffendarstellungen, das grobe Abschätzen von Einwohnerzahlen aus einem Siedlungsgrundriß usw. sind die allerwichtigsten Grundlagen einer Interpretation, sie werden hier aber weitgehend vorausgesetzt, weil der Kartenbenutzer sich mit Hilfe der Kartenlegende, eines „Musterblatts" und anhand von Literatur über Karten und Kartenlesen leicht einarbeiten kann. Noch anschaulicher läßt sich die rasche Auffassung der Kartensignaturen üben, wenn wir mit der Karte wandern oder von einzelnen Aussichtspunkten aus Landschafts- und Kartenbild abwechselnd betrachten.

Gleichfalls vorausgesetzt wird eine gewisse Vorsicht, ob die Karte die betreffenden Objekte zuverlässig wiedergibt. Sind etwa alle Häuser einer Siedlung noch lagerichtig und maßstäblich gezeichnet oder sind sie generalisiert? Sind Flüsse schmäler oder breiter dargestellt als es dem Maßstab entspricht? Deckt die Karte zwei oder mehr Verwaltungseinheiten, die mit verschiedenen Methoden kartiert sind oder deren Signaturen abweichen?

Auf Karten großer Maßstäbe sind vielerlei Themen nebeneinander dagestellt, so daß wir Zusammenhänge leicht erfassen können. Oft ist aber in einem so kleinen Landschaftsausschnitt die Form eines Gebirges, die Dichte von Fluß- oder Verkehrsnetzen nicht zu erkennen. Der Maßstab sollte 1:50000 nur in Ballungsräumen oder Hochgebirgen überschreiten. Ist der Maßstab dagegen kleiner als 1:150000, so müssen immer mehr Grundrisse durch Symbole ersetzt werden und viele Themen überhaupt wegfallen, so daß uns kaum noch Zusammenhänge aufgehen werden.

Von den meisten deutschen Bundesländern und von einigen ausländischen Gebieten sind „Topographische Atlanten" erschienen, die charakteristische Kartenausschnitte eingehend erläutern. Diese Beispielsammlungen sind nicht nur für die Landeskunde, sondern auch für die Karteninterpretation von Wert, weil sie die Ganzheit der Landschaften zu erfassen suchen. Auch manche Lehrbücher der Allgemeinen Geographie enthalten Kartenbeispiele, die für bestimmte Themen besonders anschaulich sind. Darauf aufbauend möchte ich versuchen, Leser mit einem geographischen Grundwissen methodisch anzuleiten, wie sie Karten eines nicht näher bekannten Raumes lesen und deuten können.

Im Gegensatz zu den Kartenbenutzern haben die Luftbildinterpreten schon seit Jahrzehnten Schlüssel entwickelt, um auch bei oberflächlichen Landeskenntnissen eine Fülle von Daten aus den Abbildungen zu entnehmen und zu kombinieren. Einige dieser Prinzipien sind hier auf die Interpretation von topographischen Karten übertragen und modifiziert worden. Die Methode läßt sich für Karten aller Erdräume verwenden, die kulturgeographischen Kapitel dieses Buches haben aber ihre Schwerpunkte in Mitteleuropa, weil es bei einer Ausdehnung auf weitere Räume zu einer „Allgemeinen Geographie“ angeschwollen wäre.

Jede Interpretation beginnt mit dem Erkennen von Formen, Symbolen usw., es folgen einfache Beschreibung, typisierende Benennung und Herausstellen von Individualitäten (Bartel, 1970), schließlich soll das komplexe Gefüge eines Raumes erkannt werden. Die thematische Reihenfolge richtet sich ganz nach der Erfaßbarkeit. Bartel schlägt vor, mit einer Raumgliederung zu beginnen. Das bietet sich an, wenn auf einer Karte der Wald sehr ungleich verteilt ist oder Bergmassive isoliert aufsteigen. Oft sind aber Naturräume durch Grenzsäume verbunden oder wirtschaftlich verflochten, so daß ein solcher Kartenausschnitt erst als Krönung einer Interpretation gegliedert werden kann. Verkehrsanlagen sind auf Karten leicht zu entziffern, auch die Siedlungen sind genau dargestellt. Dagegen wird die Landnutzung nur grob unterteilt, und über die Industrie läßt sich nur indirekt Näheres aussagen; diese Kapitel habe ich daher an den Schluß des Buches gestellt. Eine andere Reihenfolge empfiehlt sich, wenn wir die Befunde einer Interpretation ordnen und niederschreiben wollen, dann eignet sich das „länderkundliche Schema“ als Rahmen.

Weil sich Siedlungen, landwirtschaftliche Nutzung, Verkehrsnetz und ähnliches rasch ändern, geben uns Karten oft einen veralteten oder ungleichmäßig berichtigten Stand an, oder der Herausgeber geht dem Problem dadurch aus dem Wege, daß er überhaupt nichts darüber sagt. Auf Schweizer Karten wird z. B. bereits nicht mehr zwischen Laub- und Nadelwald unterschieden. Grünland wird auch in Deutschland nur dort dargestellt, wo es größere, zusammenhängende Flächen bedeckt. Bei der geringen Dichte wirtschaftsgeographischer Daten ist es schwer, diese zu erkennen und noch viel schwieriger, sie zu verknüpfen. Die Kartenhersteller sollten in den nächsten Jahren überlegen, welche Themen wegfallen können und welche neu hinzukommen müssen. Es ist verständlich, daß die Topographischen Dienste ihre jeweiligen Symbole, Schriften, Farben usw. nur ungern ändern, um die in den Druckplatten steckenden Werte zu erhalten und den Kartenleser nicht zu verwirren. Durch die Automation in der Kartographie stehen wir aber vor einer Umwälzung, die auch die Legende verändern wird. Diese Gelegenheit muß dazu ausgenutzt werden, die Aussage der Karten den veränderten technischen, wirtschaftlichen und gesellschaftlichen Verhältnissen anzupassen und zu erweitern. Einen ersten Versuch in dieser Richtung hat 1970 SCHULZ vorgelegt.

Geschichtliche, inzwischen in ihren Funktionen veränderte Sachverhalte vom Gegenwartsbild zu trennen oder gar eine Genese zu entwickeln, verlangt nähere Kenntnisse des betreffenden Raumes. Wenn wir eine Karteninterpretation zu einer Landeskunde ausbauen wollen, werden wir sie durch das Studium von Luftbildern, Literatur und Akten, durch Begehen und Befragen sichern, ergänzen und vertiefen. Immerhin gibt es auch Fragen, die sich aus Karten nicht nur schneller als aus jeder anderen Quelle beantworten lassen. So können wir z. B. durch Vergleich von historischen und modernen topographischen Karten erschließen, wie sich Dorf- und Stadtgrundrisse entwickelt haben. Oft kommt es uns besonders zustatten, daß Karten eine Fläche stets decken, während bei Beschreibungen vieles der subjektiven Auswahl des Beobachters überlassen ist.

Alle angegebenen Zahlenwerte (z. B. Flußdichten) sind Durchschnitte, von denen der Einzelfall erheblich abweichen kann, ganz besonders, wenn wir das mitteleuropäische Flachland oder Mittelgebirge verlassen.

Schon bei der Beobachtung geographischer Sachverhalte in der Natur lassen manche Beobachtungen mehrere Deutungen zu. Viel häufiger ist das bei der Betrachtung von Karten, auf der uns nur eine Auswahl von Daten mitgeteilt wird. Oft werde ich alternative Antworten anbieten, oft nur Fragen stellen, um den Leser auf weniger auffällige Erscheinungen aufmerksam zu machen.

Wenn der Inhalt notgedrungen analytisch gegliedert ist, so soll der Interpret doch noch einmal nachdrücklich daran erinnert werden, daß die Synthese, die ganzheitliche Betrachtung aller Erscheinungen viele neue Daten und Deutungen finden hilft und die bisherigen absichert. Bei jedem neuen Kapitel müssen wir uns fragen, ob uns die zusätzlichen Erkenntnisse nicht eine Revision vorausgegangener Schlüsse nahelegen. Vielleicht können wir uns jetzt für eine der vorher vermuteten Alternativen entscheiden, oder sie wenigstens als die wahrscheinlichste angeben. Eine komplexe Betrachtung können wir durch Kausal- oder andere Profile (Abb. 17), Blockbilder, Stichwort- und Bezugsdiagramme und ähnliches erleichtern.

Nur in wenigen Sachbereichen wird sich mit der Interpretation von Karten schon ein erster Beitrag für die Forschung leisten lassen, das wäre z. B. die Rekonstruktion älterer Straßennetze. Probleme werden wir nur selten lösen können, häufig werden wir aber auf solche stoßen, wenn bisher noch niemand die betreffende Gegend näher betrachtet hat.

Über die Auswertung von Karten gibt es eine reiche Literatur, von einfachen Anleitungen zum Lesen der Signaturen bis zu eingehend erläuterten Kartenausschnitten. Dem Anfänger seien besonders Werke empfohlen, die zu den Kartenausschnitten außer dem Text auch Luftbilder, Profile, geologische Karten, Landnutzungsspektren o. ä. beigeben, z. B. SAWYER (1966) oder KNOWLES und STOWE (1969/71). Wie man Flußgebiete, Hänge und dergleichen mißt, erfährt man bei DOORNKAMP und KING (1971) oder bei JOHNSTON (1972). Viele Anregungen verdanke ich DURYS „Map Interpretation", der kritisch beurteilt, was man auf Karten sehen kann und was nicht. In den Kartographiebüchern von WILHELMY (1966) und DICKINSON (1969) nehmen die Kapitel „Interpretation" zwar nur einen kleinen Raum ein, sind aber recht einprägsam.

Gewässer und Talnetz

Der Lauf der Bäche und die Ufer von größeren Flüssen und Seen sind auf den Karten kräftig gezeichnet und durch ihren Verlauf selbst auf einfarbigen Karten leicht zu erkennen. Es empfiehlt sich aber bei solchen, eine Deckpause zu zeichnen, oder bei mehrfarbigen Karten eine „Orohydrographische Ausgabe“ (Braun-Blau-Druck) zu bestellen, weil dann keine Siedlungen, Verkehrswege und Namen den Blick einengen. Auf einem Braundruck könnte das Relief, auf einem Blaudruck das Gewässernetz auch automatisch abgetastet werden, um hypsometrische oder hydrographische Werte zu ermitteln (Hormann 1968). Historische Karten sagen uns z. B., wie sehr die Ufer durch Abbruch, Durchstich oder Dammbau verändert worden sind. Durch die genaue Darstellung des Gewässernetzes sind wir in der Lage, es sowohl qualitativ (topologisch) als auch quantitativ zu untersuchen.

Wasserscheiden und Einzugsgebiete

Wo Bergkämme einzelne Flußgebiete voneinander scheiden, sind diese auf einen Blick zu erfassen. Häufig durchdringen sich aber mehrere Einzugsgebiete oder grenzen mit Talwasserscheiden aneinander. In solchen Fällen empfiehlt es sich, flußaufwärts bis zu den äußersten Rücken vorzustoßen und die Wasserscheide als Linie in eine Deckpause einzutragen. Das Einzugsgebiet ist nicht nur für die Wasserwirtschaft (Hochwasserschutz, Be- und Entwässerung, Abwasser), sondern auch für die Siedlungsgeschichte wichtig. Chorley schlägt folgende Messungen in einem Einzugsgebiet vor (ähnlich Doornkamp und King):

Mittlere Entfernung von einer Wasserscheide zum nächsten Bach
Lauflänge des Hauptflusses (Namen, eigene Bestimmung s. unten)
Etwa auf halber Lauflänge liegt der Schwerpunkt des Gebiets
Längster Durchmesser des Gebiets
Fläche des Gebiets (Planimeter oder Quadratmethode)

Bei einheitlichem Klima, Gestein und Relief hängen von der Fläche eines Einzugsgebiets linear alle Abflußmengen ab. Die meisten Gebiete sind nicht oder nicht ganz homogen, deshalb läßt sich aus der Fläche nur das Jahresmittel des Abflusses angeben. Während also der „Mittlere

Abfluß" mit der Fläche des Einzugsgebiets ansteigt, sinken die maximalen Hochwasserstände, weil Starkregen in verhältnismäßig kleinen Arealen fallen und daher nur wenige Nebenflüsse gleichzeitig Hochwasser führen.

Hochwasser-Abflußspenden in Mitteleuropa (nach Kirwald *1964, S. 17)*

	l/sec × km²			
Einzugsgebiet	Flachland		Gebirge	
km²	offen	bewaldet	offen	bewaldet
1	5000	3000	10000	6000
5	3700	2400	6000	3800
10	2900	1700	4000	2500
50	1500	700	2000	1300
100	600	400	1000	600
200	300	160	800	400

◁ *Abb. 1: Wohlintegriertes, annähernd baumförmiges Flußnetz der Ostawa in den Karpaten. Im NO ist bei einigen Flüssen die Hortonsche Ordnung angegeben. Wasserscheiden und Täler mittlerer Ordnung laufen NW–SO, also längs, das Haupttal quer zum Schichtstreichen (nach der Karte von Polen 1:100 000, Blatt 51/34 Lesko).*

Schon seit Jahrtausenden werden Flußnetze in Haupt- und Nebenflüsse geordnet. Die Benennung folgt stromaufwärts demjenigen Ast, der am ehesten die Richtung einnimmt (geringster Winkel zwischen Unter- und Oberlauf) oder wesentlich breiter als der andere ist. Tritt der Name des Unterlaufs im Oberlauf nicht auf, so waren entweder beide Kriterien nicht eindeutig, oder es stoßen zwei Volkstumsbereiche aneinander. Auch andere Ausnahmen bedürfen einer Erklärung. Zum Beispiel sind die Breiten von Saône und Rhône bei Lyon ähnlich, so daß eigentlich die Richtungsstabilität entscheiden müßte. In Wirklichkeit aber färbt die obere Rhône mit ihrem Schluff auch das Saône-Wasser grünlich, diese verschwindet scheinbar und büßt daher ihren Namen ein.

Die Hierarchie der Flüsse innerhalb eines Einzugsgebiets läßt sich nach HORTON (1945) oder SMART (1968) auch statistisch erfassen. Zum Beispiel gliedern sich die linken Nebenflüsse der Ostawa folgendermaßen (Abb. 1): Ohne Nebenfluß sind 118 Bäche I. Ordnung, sie vereinigen sich zu 23 Flüssen II. Ordnung, die III. und IV. Ordnung sind mit 7 und 1 naturgemäß nur schwach vertreten. Trägt man diese Zahlen – oder noch besser die Längen der entsprechenden Flußklassen – logarithmisch auf der Ordinate ein, so ergibt sich bei integrierten („reifen") Netzen eine annähernd lineare Beziehung (Abb. 2). HORTON hat die Flußnetze in ver-

Abb. 2: Die Anzahl der Flüsse nimmt mit steigender Ordnung (nach HORTON*) ab: Einzugsgebiet der Ostawa in Abb. 1.*

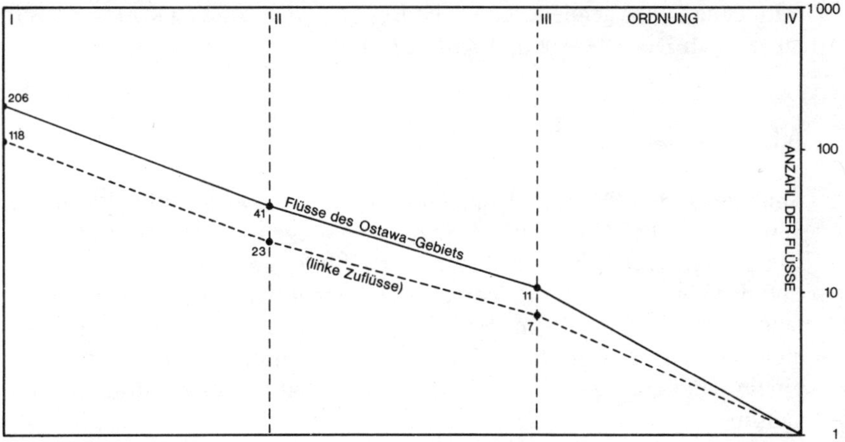

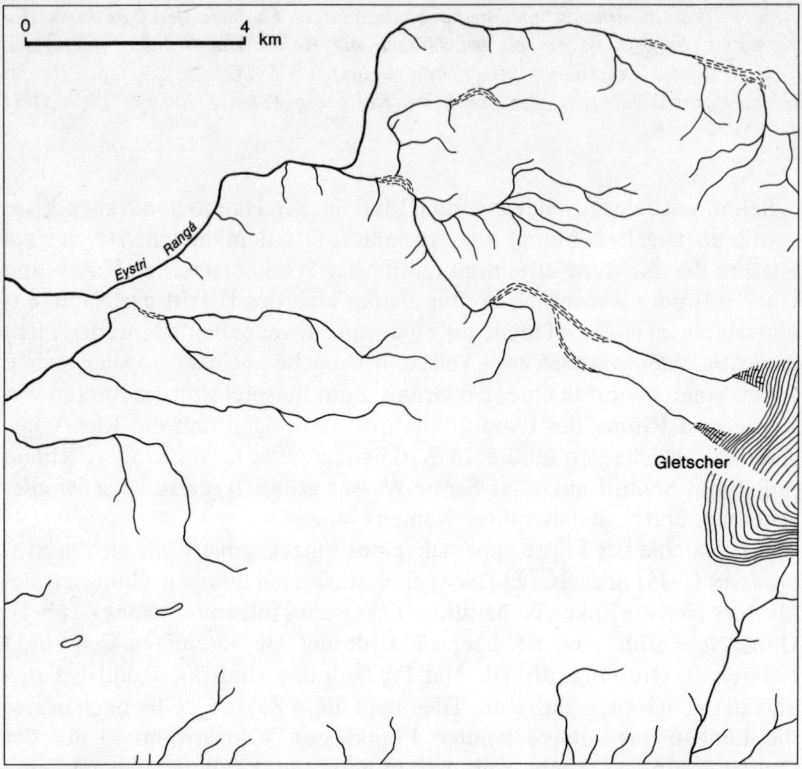

Abb. 3: Durch Lavaströme und Tuff-Felder gestörtes Flußnetz der Eystri Rangá in Nord-Island (nach der Karte von Island 1 : 50 000, Blatt 58 Tindafjelljökull).

schiedene Typen gegliedert und gibt Beispiele in Form von Kartenskizzen an (s. auch Doornkamp und King 1971).

Integrationsgrad

Sind die großen Flüsse gleichmäßig verteilt? Erfassen auch die Bäche die gesamte Fläche? Gleichen die einzelnen Flußgebiete Bäumen, dann hat das „dendritische" Netz genügend Zeit für seine Entwicklung gehabt, und der Untergrund ist gleichmäßig aufgebaut wie z. B. in einem Tafelland. Die Auen in einem baumförmigen Flußsystem sind unter sonst gleichen Umständen stärker von Überschwemmungen bedroht als in einem parallelen, weil sich die Hochwasserspitzen an den Mündungen summieren.

In Abb. 1 ist das Flußnetz gut integriert; unter den Flüssen mittlerer Ordnung herrscht aber die NW-SO-Richtung deutlich vor, auch die Wasserscheiden folgen ihr und sind teilweise auffallend gerade. Zwischen Ketten, die von widerständigen, durchlässigen, steilgestellten Schichten aufgebaut werden, laufen also Längstäler. Wenn die Hierarchie-Kurve flacher verläuft als in Abb. 2, oder die Flüsse nicht gleichmäßig über die Fläche verteilt sind, müssen wir prüfen, ob Gesteine verschiedener Durchlässigkeit nebeneinander liegen, ob Hebungsvorgänge, Vulkan-

Abb. 4: Durch Inlandeis gestaltetes, noch nicht integriertes Gewässernetz in Litauen (nach der Karte 1:100 000, Blatt Rokischkis westlich Dünaburg).

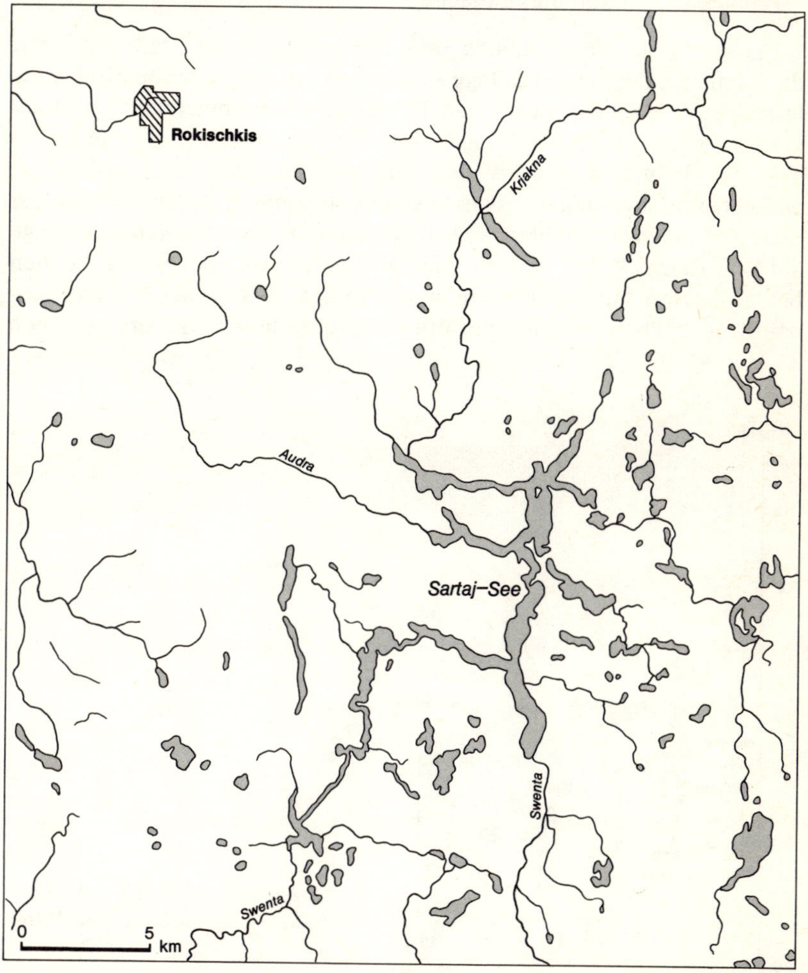

ausbrüche (Abb. 3) oder Gletscher (Abb. 4) das alte Talnetz zerstört haben, oder ob ein Fluß einen anderen angezapft hat. Auf jungen Schotterterrassen ist das Flußnetz ebenfalls erst ganz zufällig entwickelt; während wir umgekehrt eine gleichmäßig zertalte Terrasse als alt ansehen dürfen.

Flußdichte

Sind die Flüsse in einem gut abgrenzbaren Ausschnitt gleichmäßig verteilt, so messen wir in einem Quadrat mit etwa 10 cm Seitenlänge die Lauflänge und teilen sie durch die Fläche.

Flußdichte = Lauflänge : Fläche

Für die Gesteinsbestimmung wäre es vermutlich von größerem Wert, die Lauflänge durch die Tallänge zu ersetzen, jedoch ist der Begriff bereits festgelegt. Enthält ein Kartenblatt Teilgebiete mit geringerer und größerer Dichte, so grenzen wir sie gegeneinander ab und bestimmen in jedem Teil die Dichte. Je mehr Wasser (bei gleichem Klima) oberflächlich abfließt, um so weniger sickert ein, um so weniger durchlässig ist der Untergrund. Hohe Dichten weisen auf Tonschiefer und Mergel, geringe auf Sandsteine, Kalke, Schotter und Moränen hin (Abb. 5). Nur bei den beiden letzten fließt das Grundwasser in den 10–40% des Raumes einnehmenden Poren und gelangt mit entsprechender Verzögerung in den

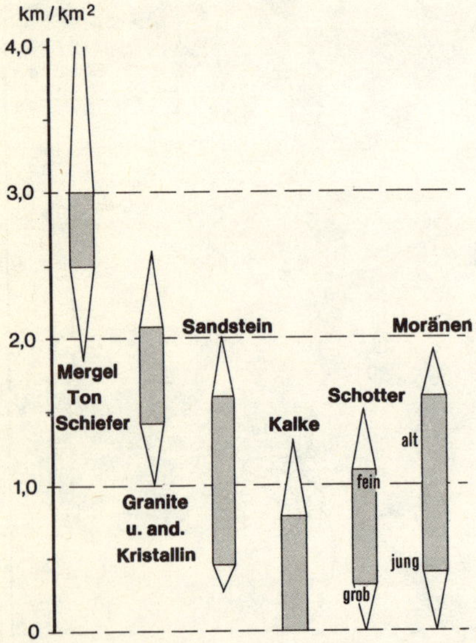

Abb. 5: Flußdichtenbereiche verschiedener Gesteine im außeralpinen Mitteleuropa.

Vorfluter, der deshalb sehr gleichmäßig abfließt. In Sandsteinen und Kalken strömt das Wasser in Klüften und Höhlen und tritt schon nach wenigen Tagen wieder aus. Auf undurchlässigen Gesteinen, deren Verwitterungsprodukte die Klüfte wieder abdichten (Kristallin, Schiefer, Mergel) fließt das meiste Wasser oberflächlich ab, solche Flußgebiete leiden also besonders stark unter Überschwemmungen. Die Flußdichtenbereiche verschiedener Gesteine überlappen sich, weil ähnliche Gesteine verschieden geklüftet sein können, in Kalke und Sandsteine oft Mergellagen eingeschaltet sind und auch hangende und liegende Schichten die Art der Zertalung beeinflussen. Es wird daher selten möglich sein, allein aufgrund der Flußdichte das Gestein anzugeben. Wenn wir aber in einem Gebiet geringer Dichte gleichzeitig Höhlen, Dolinen, an seiner Grenze Bachschwinden oder starke Quellen finden (Abb. 18), so können wir die zunächst möglichen Alternativen auf „Kalk“ einengen.

Nehmen wir auch die Trockentäler dazu, erhalten wir die Taldichte, mit der wir den periodischen, episodischen oder vorzeitlichen Abfluß miterfassen. Vermutlich wäre die Taldichte ein besseres Kriterium für die Gesteinsbestimmung, aber es stehen noch zu wenig Werte zur Verfügung. Ziehen wir die Länge der Flüsse von der Länge der Täler insgesamt ab, erhalten wir die Trockentaldichte, die ebenfalls mit der Durchlässigkeit des Gesteins ansteigt, in ähnlicher Weise auch der Quotient Taldichte/Flußdichte (GERMAN, 1963; KARRASCH, 1970). Gestrichelt gezeichnete Laufstücke führen nur periodisch oder episodisch Wasser. Tritt dies nur in den obersten Abschnitten auf, so ist das Gestein mäßig durchlässig (z. B. Sandstein), Versickerungen im Mittellauf kommen im Kalk vor; ein Versiegen im Unterlauf oder ein Endsee weisen auf eine Binnenentwässerung in einem wechseltrockenen Klima hin.

Orientierung

Alle vorkommenden Täler können wir in Abschnitte von etwa 1 km Länge teilen, diese nach den Richtungen in 16 Gruppen ordnen und die Verhältnisse als Rose (ähnlich wie in Abb. 21) darstellen. Daß bestimmte Richtungen bevorzugt auftreten, ist dann nicht mehr zu übersehen. Ist es nur eine, so prägt sich das Schichtfallen oder die Richtung von Falten durch. Meist treten zwei oder mehr Maxima auf, die Fläche ist dann durch ein recht- oder schiefwinkliges Flußnetz, durch ein „Klufttalnetz“ gekammert, weil die Flüsse den primären Abkühlungsklüften entlang leicht erodieren können. Dieses System tritt in kristallinen und metamorphen Gesteinen (Abb. 6) häufig auf. Besonders stark an tektonische

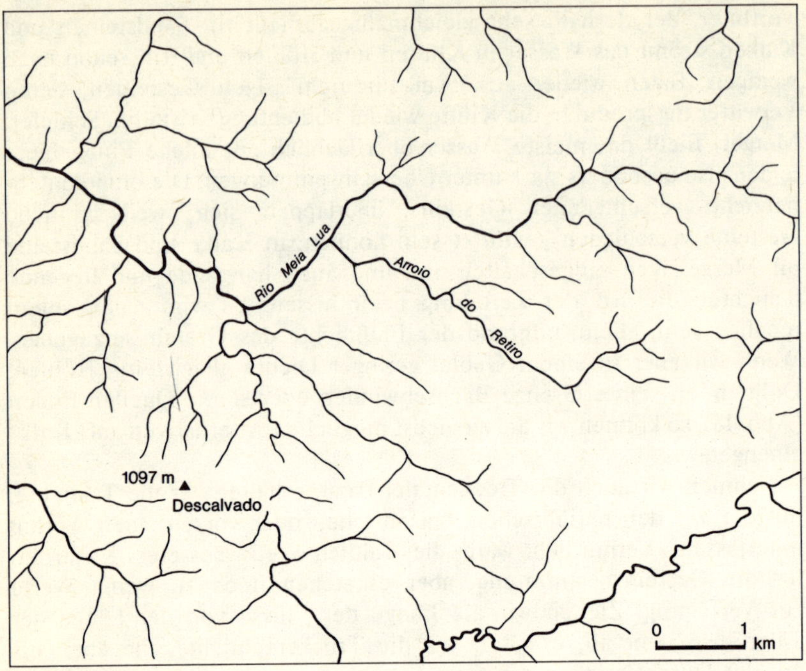
Rio Meia Lua
Arroio do Retiro
1097 m
Descalvado
0 1 km

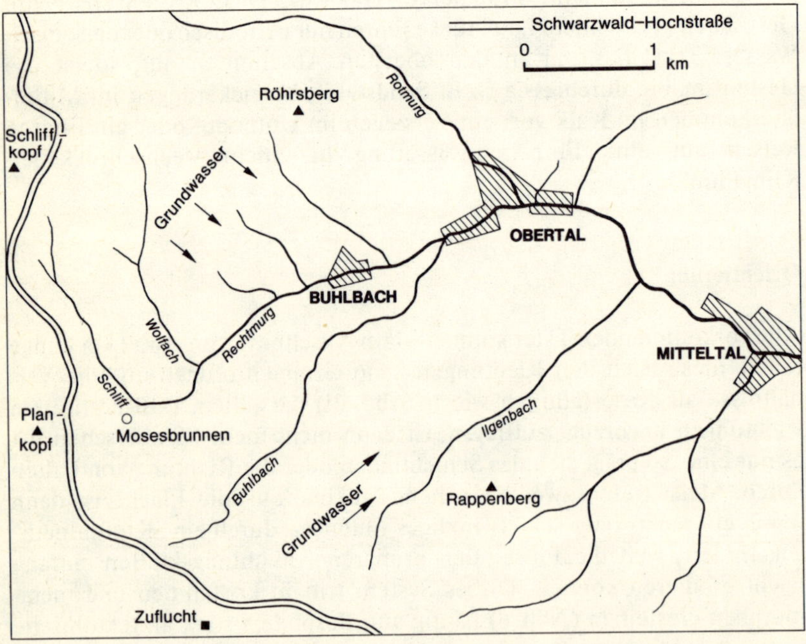
Schwarzwald-Hochstraße
0 1 km
Röhrsberg
Rotmurg
Schliff-kopf
Grundwasser
OBERTAL
BUHLBACH
Wolfach
Rechtmurg
MITTELTAL
Schliff
Plan-kopf
Mosesbrunnen
Ilgenbach
Buhlbach
Rappenberg
Grundwasser
Zuflucht

◁ *Abb. 6: Gitter aus Klufttälern in metamorphen Gesteinen (Phylliten und Quarziten des Algonkiums) im Staat Paraná (nach der Karte von Brasilien 1:50 000, NW-Ecke des Blatts SG 22 k II 3 Curitiba).*

Schwächezonen gebunden sind die Flüsse in den semihumiden Tropen. Aber auch in der gemäßigten Zone treten auf manchen Kartenausschnitten blaue Geraden auf, die sich womöglich aus Abschnitten verschiedener Flüsse zusammensetzen. Wenn starke oder gar heiße Quellen austreten, parallel zur ersten Linie weitere Lineamente, Geländestufen oder Wasserfälle zu finden sind, wird es sich um ein bedeutendes Bruchsystem handeln.

Ist das Flußnetz nicht an Klüfte gebunden, so wird das Gestein von verwitterten oder sedimentierten Lockermassen bedeckt oder mindestens bedeckt gewesen sein, als sich das Netz ausgebildet hat. In manchen Bergländern stehen die Richtungen der Flüsse I., II. und III. Ordnung aufeinander senkrecht, besonders zahlreich vertreten sind solche, die dem Schichtfallen folgen (Abb. 7 und 31, s. S. 57), wir können aus ihrem „konsequenten“ Lauf auf das Fallen schließen. Tritt unter den Flüssen eine Richtung bevorzugt auf, z.B. SW–NO, es fließen aber etwa gleich viele nach SW wie nach NO, so haben sie sich in den Ruschelzonen entlang von Brüchen entwickelt.

Parallele, wenig verknüpfte Flußsysteme finden wir in Aufschüttungsflächen, wo die Uferdämme ein Einmünden verhindern. Es ist aber zu prüfen, ob nicht ein gerader Verlauf eine Deutung als Be- oder Entwässerungskanäle nahelegt (Abb. 8). Halten sie die Richtung weniger genau ein, so kommen sie aus einem Gebirge mit schwerer Geröllfracht an und laden diese im Vorland ab. Es kann sein, daß sie gelegentlich die Uferdämme des Hauptflusses durchbrechen und jetzt auf kürzerem Weg münden, die verschleppte Mündung ist dann aber als Kette von Sümpfen noch zu erkennen. Andere Flüsse haben sich stark in ihre Ablagerungen wieder eingeschnitten, das parallele Muster ist nur zu verstehen, wenn wir an die kaltzeitliche Aufschüttung denken. Liegt ein Flankental trocken, so ist der Parallelfluß zum Hauptfluß durchgebrochen, sobald dieser weniger aufschüttete (am Ende einer Kaltzeit) oder ein Gletscher im Haupttal abgeschmolzen war („Flankental“ in Abb. 19).

Zentrifugale, radiale Flußmuster können sich auf Vulkankegeln (Abb. 26), auf Granitdomen oder Salzstöcken (Diapiren) entwickelt

◁ *Abb. 7: Quellen und Talrichtungen zeigen die Schichtlagerung an. Buntsandstein-Schwarzwald nordwestlich von Freudenstadt (nach der Topogr. Karte 7415 Seebach).*

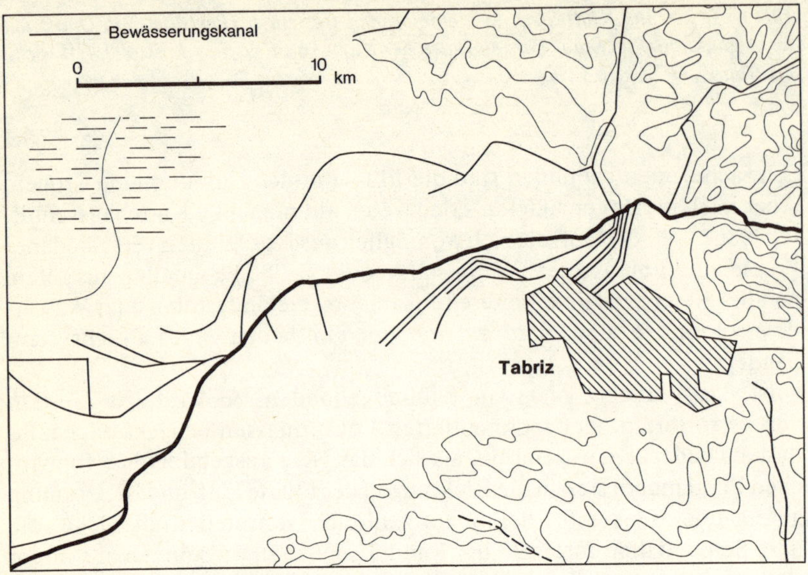

Abb. 8: Flußnetz in einem Trockengebiet (NW-Iran). Die größeren Flüsse werden in Bewässerungskanäle abgeleitet, die kleineren im Süden versickern im Glacis, den verwachsenen Schwemmfächern am Bergfuß. Die Stadt liegt am Ausgang des Haupttals in die sumpfige Schwemmebene (nach der Karte 1 : 200 000).

haben; zentripetale in vulkanischen Calderen, tektonischen Mulden, nach Ablaugung von Salzstöcken, in lokal vorkommenden, leicht ausräumbaren Gesteinen oder in glazialen Zungenbecken. Parallele oder geometrisch verzweigte Be- und Entwässerungsnetze sind von bäuerlichen Genossenschaften, Kapitalgesellschaften, Fürsten oder modernen Staatsverwaltungen organisiert worden. Manche Ortsnamen erinnern an den Verantwortlichen.

Betrachtung eines einzelnen Flusses

Der Verlauf eines Flusses und die Art der Ufer und der Aue können uns vieles über seinen Charakter aussagen. In vielen technisch entwickelten Ländern ist allerdings kaum noch ein Fluß im Naturzustand; nicht nur die Überschwemmungsaue, sondern auch das Bett selbst ist künstlich verschmälert. Wir müssen daher versuchen, aus der Breite der Niederung und dem Auftreten von Wiesenstreifen oder Sümpfen den ursprünglichen Verlauf zu rekonstruieren. Wo das Bett im Naturzustand ist und die Breite einigermaßen konstant bleibt (also nicht in Trockengebieten), lassen sich daraus die Tiefe, die Geschwindigkeit und die Mittlere Abflußmenge abschätzen. Die Abb. 9 gilt nur für ein begrenztes Gebiet mit einheitlichem Gefälle und Gestein. Es wäre voreilig, daraus weltweit Daten abzugreifen, deshalb sind die Maße nicht auf das metrische System umgerechnet. Nach INGLIS ist der Breite eines Flusses die Quadratwurzel der Wassermenge proportional. Falls der Fluß mäandriert, werden wir noch zu besseren Schätzmethoden kommen (s. unten).

Die Flußbetten sind in drei Typen zu gliedern: Verzweigte, Mäander- und gerade Läufe. Verzweigt sich ein Fluß nach Art von Adern in

Abb. 9: Aus der Flußbreite lassen sich – gleiches Gefälle vorausgesetzt – Tiefe, Geschwindigkeit und Mittlerer Abfluß abschätzen. Einzugsgebiet des Powder River in Wyoming und Montana, USA (nach LEOPOLD *und* MADDOCK*).*

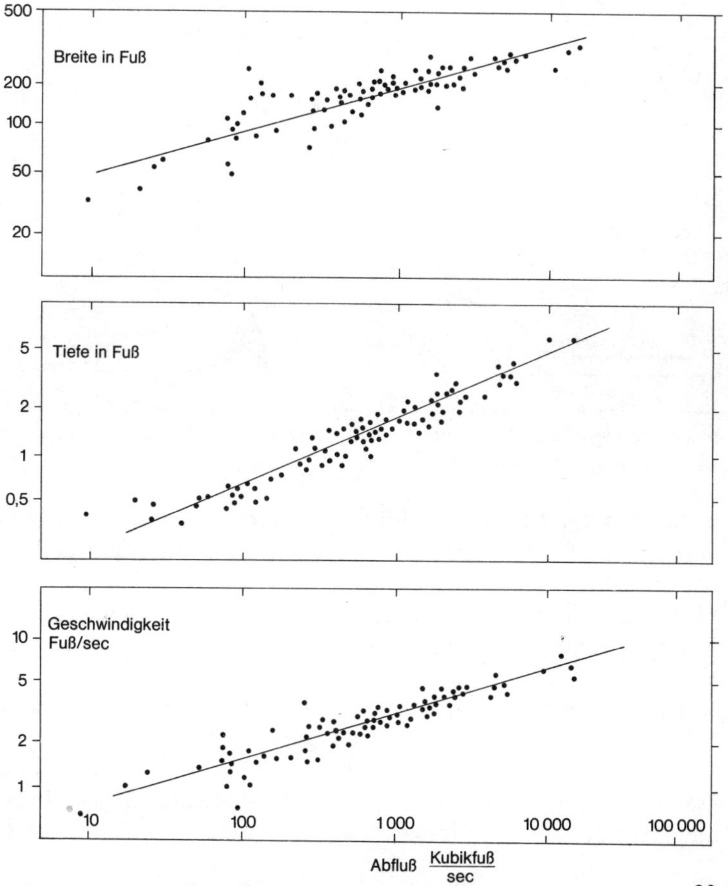

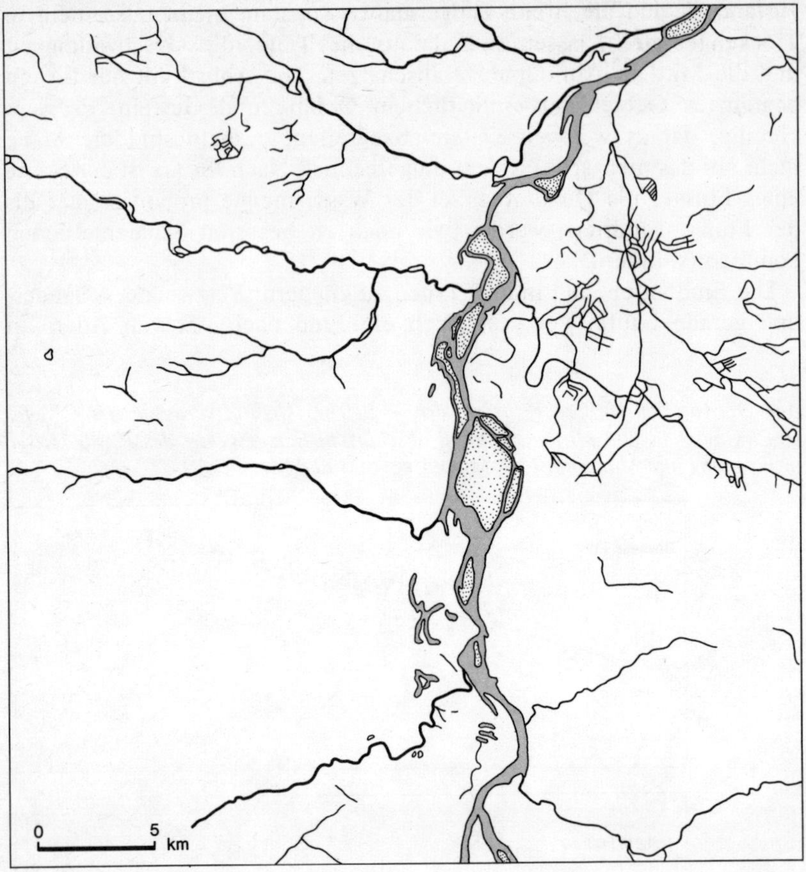

Abb. 10: Verzweigter Lauf der Weichsel westlich von Lublin, einige äußere Arme mäandrieren, Nebenflüsse im W parallel (nach der Karte von Polen 1:100 000, Blatt Solec).

mehrere Arme (Abb. 10), schüttet er stark auf, hat meist hohes Gefälle und eine große Wassermenge. Die Karte stellt die Niedrigwasserbetten dar, bei Hochwasser sind die Kies- und Sandbänke überflutet. Gerade Flüsse sind schmal und tief, langsam und sedimentarm, oder von Menschenhand gegraben. Die Mäanderläufe stehen zwischen diesen beiden Typen.

Bei Mäanderläufen messen wir die „Wellenlänge", das ist die Entfernung zweier Punkte mit der gleichen Richtung innerhalb der Schleifen. Falls nur eine einzelne Schleife vorliegt, ist der Krümmungsradius zu bestimmen, mit dem die Quadratwurzeln der Hochwassermengen wachsen. Auf Transparentpapier kann man sich einige konzen-

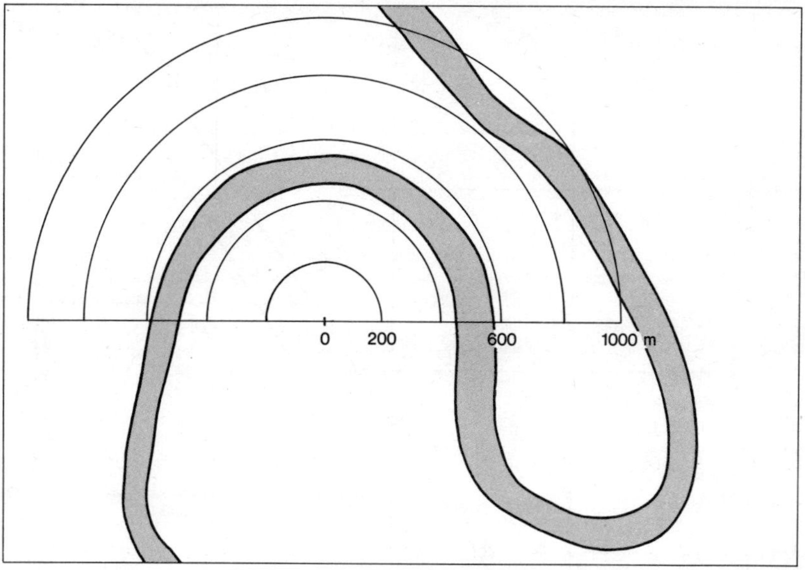

Abb. 11: Muster zur Herstellung eines Deckblatts, um die Radien von Mäandern zu messen.

trische Halbkreise zeichnen und die Radien in glatten Maßen allmählich vergrößern, z.B. 5, 10, 15 mm usw. (Abb. 11). Man schiebt dann dieses Deckblatt über einen Flußmäander der Karte. Welcher Halbkreis paßt am besten auf den Mäanderscheitel? Sobald wir mit Hilfe des Maßstabs den wirklichen Radius berechnet haben, suchen wir diese Länge auf der Abszisse der Abb. 12 auf, gehen nach oben bis zum Schnitt mit der Linie „Krümmungsradius“ und finden dann links die Hochwassermenge (gerinnefüllender Abfluß), rechts das Einzugsgebiet, wobei ein mittlerer Jahresniederschlag um 800 mm angenommen wurde. Sind innerhalb eines Mäanders parallele Bogenstrukturen zu finden (Wald- und Wiesenstreifen, Sümpfe, Höhenlinien, Verkehrswege), so schüttet der Fluß auf der Innenseite bei jedem Hochwasser einen Wall auf und erodiert um die gleiche Breite an seinem Prallufer.

Oft pendelt ein Fluß mit kleinen Schleifen in größeren Flußmäandern, dann entsprechen die ersten der heutigen, letztere einer früher vorkommenden Hochwassermenge. Der Little Wabash River (Abb. 13) fließt mit engen Mäandern in einem von einstigen Schmelzwässern breit ausgefurchten Tal. Die Nebenflüsse münden mit Mäandern, die im Vergleich zum Einzugsgebiet viel zu weit erscheinen. Stimmen die Radien mit denen des Hauptflusses überein, so benützt der Nebenfluß dessen verlassene Schleifen. Oft sind die Radien etwas kleiner, aber bei Flüssen

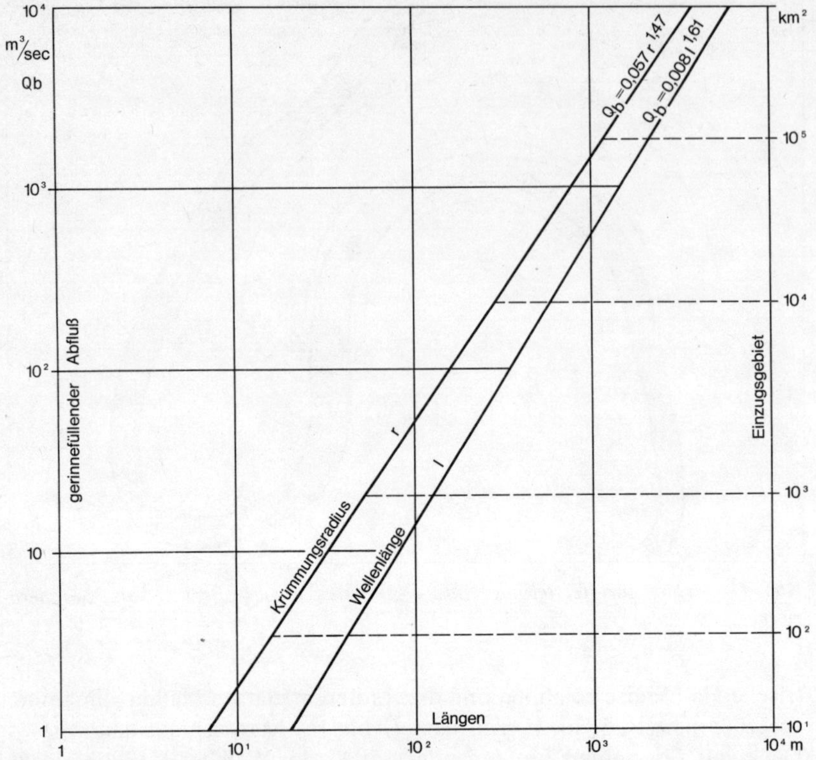

Abb. 12: Aus dem Krümmungsradius oder der Wellenlänge von Flußmäandern (unten) lassen sich die Hochwassermenge (gerinnefüllender Abfluß, links) und das Einzugsgebiet (rechts) abschätzen (Entwurf SCHWABE*).*

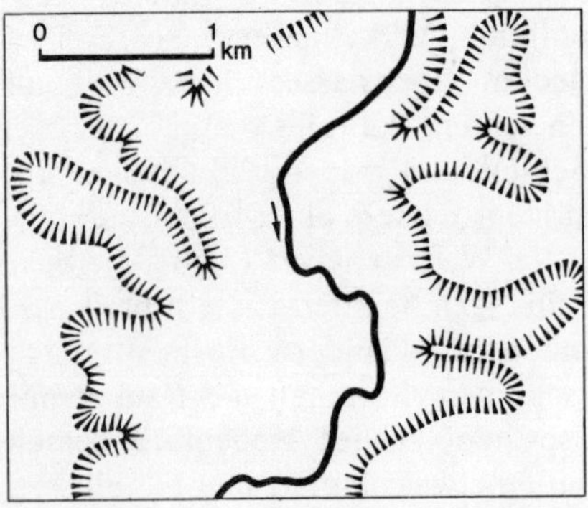

Abb. 13: Kleine Flußmäander in großen Talmäandern bei Effingham (Illinois/ USA).

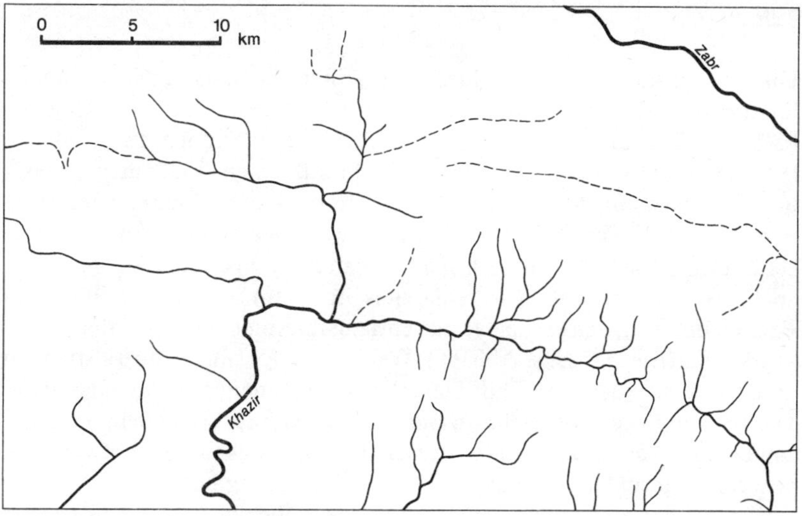

Abb. 14: Flußnetz aus Längstälern zwischen steilgestellten Schichten, durch einzelne Quertäler verbunden (nach der Karte des Irak 1:200 000, Blatt Mosul).

verschiedener Größe gleich, dann hat früher ein Randfluß mehrere Nebenbäche gesammelt. Bei verzweigten Strömen mäandrieren die äußeren Arme bei abflauendem Hochwasser und behalten diesen Lauf auch bei Niedrigwasser bei (Abb. 10).

Wenn Flüsse am Gebirgsrand auseinanderfächern (Abb. 28), so prüfen wir, ob die Isohypsen um die Wurzel des Schwemmkegels konzentrische Halbkreise ziehen. Trockene Rücken oder sumpfige Rinnen, Bewässerungskanäle und Besitzgrenzen können auch ganz flache Schwemmfächer sichtbar machen, die von keiner Höhenlinie gequert werden. Hat ein Nebenfluß einen besonders großen Schwemmfächer ins Haupttal geschüttet, so ist vielleicht sein Einzugsgebiet groß, es können leicht abtragbare Gesteine anstehen, oder sein Gefälle übersteigt das des Hauptflusses beträchtlich.

Während die Flüsse in klüftigen kristallinen Gesteinen (Abb. 6) oder in Kettengebirgen (Abb. 14) regelmäßig in rechten oder spitzen Winkeln abknicken, verdient ein Flußknick in einem anderen Talsystem unsere besondere Beachtung. Wurde der Fluß in einen tektonischen Graben abgelenkt oder wurde er von einem anderen Fluß angezapft? In einst vereisten Gebieten haben sich Gletscher oft gespalten, flossen ein Nebental hinauf und schliffen den Paß soweit herunter, daß später der Hauptfluß diesem Weg folgte.

Durchbruchstäler (Abb. 1, Flurnamen „Enge", „Klause", „Paß") mögen durch junge Hebung (Antezedenz) verursacht sein. Hat der Fluß oberhalb sein Tal durch Seitenerosion verbreitert oder auch aufgeschüttet (Sandgruben)? Oder hat vielleicht ein Fluß einen anderen angezapft und sich anschließend tief eingeschnitten? Läuft parallel dazu eine verhältnismäßig breite Talung? Dann war das Gebiet einmal zugeschüttet, und der Fluß hat sich später woanders eingeschnitten. Zum Beispiel war die Weistritz vom Inlandeis hoch aufgestaut und füllte das Becken mit Ton, den sie später nur entlang ihrem neuen Tal völlig wieder ausräumte (Epigenese, s. Abb. 60). Wechseln enge und weite Talstrecken mehrmals, so quert der Fluß Gesteine verschiedener Widerständigkeit. Die Becken liegen vielleicht im Bereich von Mergeln oder Schiefern, die Engen in Quarzit oder Kalk, dessen Durchlässigkeit die Entwicklung von Nebengerinnen und damit die Talverbreiterung behindert.

Werden harte Gesteine zu Sätteln aufgewölbt oder hat ein Gletscher das Gebiet überarbeitet, so wechseln Becken und Schwellen besonders deutlich. In Faltengebirgen laufen viele Flüsse in Mulden oder auf Sätteln (Längstäler, Abb. 14), sie durchbrechen dann in engen Quertälern die Gebirgsketten. Solche Flußknicke können durch tektonische Querbrüche erleichtert sein (läßt sich die Richtung weiterverfolgen, vielleicht als Tal eines Nebenbachs?).

In Schichtstufenländern (s. S. 57: Plateaus mit scharfer Oberkante) laufen Flüsse oft parallel zur Stufenkante. Liegt ein solches subsequentes Tal am Fuß der Stufe, so folgt es einer Tiefenlinie und ist daher leicht zu verstehen, zieht es dagegen mitten in der Stufenfläche, z. B. die Maas (Abb. 31), so erinnert es an eine höhere, längst abgetragene Stufe. Die kleinen Bäche laufen vorwiegend in ein und derselben Richtung (konsequent), die größeren quer dazu (subsequent) oder entgegengesetzt (obsequent). Der Lauf der konsequenten Bäche zeichnet die Schichtfläche nach.

Verbindet eine *Talung* zwei verschiedene Flußgebiete, so erfordert das unsere besondere Aufmerksamkeit. Manche sind an Linien leicht ausräumbarer Gesteine oder an tektonische Schwächezonen gebunden, manchmal durch Gletscher-Transfluenzen noch weiter erniedrigt. Oft ist es ein gewöhnliches Flußtal, das durch Anzapfung trocken gefallen oder nur noch von einem kleinen Bach belebt ist. Seitenbäche können mit ihren Schwemmkegeln solche Täler leicht absperren und flache Talwasserscheiden errichten (WILHELM).

Vereinigen sich *Trockentäler* zu einem baumförmigen Netz, so muß die unterirdische Entwässerung zeitweise (z. B. durch pleistozänen Tieffrost) plombiert gewesen sein. Wenn das Tal nicht mehr gleichmäßig fällt, sondern geschlossene Wannen eingeschaltet sind, deutet sich eine unterirdische Auflösung von Kalk an. Derartige Talungen sind schon lange von keinem Fluß durchströmt worden. Endet ein Flußtal blind in einem großen, halbkreisförmigen Steilhang, so dürfte hier der reine Kalk beginnen. Ordnen sich weitere Bachschwinden oder poljenartige Wannen zu einer geraden Linie an? Hat ein Becken auf der einen Seite Karstquellen und auf der anderen Schlucklöcher (Polje Ogulin in Abb. 18)?

Übung zum Vertiefen

Die Karte 15 im Diercke-Atlas zeigt das Wettersteingebirge. Suche Beispiele für Längs- und Quertäler, Bachschwinden und Trockentäler! Vergleiche die Längsprofile von Loisach und Partnach! Talung und Talpaß im Süden des Wettersteinkamms. Hydrographie des Eibsees.

Längsprofil

Wir suchen Höhenpunkte auf der Talaue, möglichst nahe am Fluß, nicht aber auf Straßen oder Brücken, die immer erhöht verlaufen. Weniger genau sind Werte, die wir aus einer die Aue querenden Höhenlinie ablesen. Die Strecken dazwischen messen wir ab; falls nur wenige Punkte eingetragen sind, mit einem Roller oder Faden, welcher der Talrichtung, nicht dem Fluß, zu folgen hat. Die Strecken übertragen wir auf die Abszisse eines Diagramms, dessen Ordinate wir stark überhöhen. Die Nebenflüsse tragen wir von ihrer Mündung aufwärts in das gleiche Diagramm ein. Je mehr ihr Gefälle das des Hauptflusses übertrifft, desto geringer sind ihre Abflußmengen, Breiten und Tiefen, sofern das Profil nicht durch Gesteinswechsel oder Tektonik gestört ist.

Ideale Längsprofile (Hormann, 1964) werden wir aber nicht oft finden. Statt einer schiefen Ebene, die sich flußab verflacht, ist das Profil häufig geknickt oder verbogen. Die Oberrheinebene, die so einheitlich erscheint, hat unterhalb Basel ein höheres Gefälle, weil der Rhein hier einen Schwemmkegel aufschüttet, ein zweiter Knick bei Oppenheim markiert die Stelle, bis zu der der Strom von Bingen her rückschreitend erodiert hat. Das Profil des Neckars ist durch die junge Hebung des Odenwalds gestört, vor dem Hindernis verflacht, am unteren Ende des Schildes versteilt. Kleine Nebenbäche kommen beim Einschneiden nicht mit und haben normale Oberläufe, sie stürzen weiter unten mit steilen Schluchten zum Hauptfluß hinab (Hängetäler).

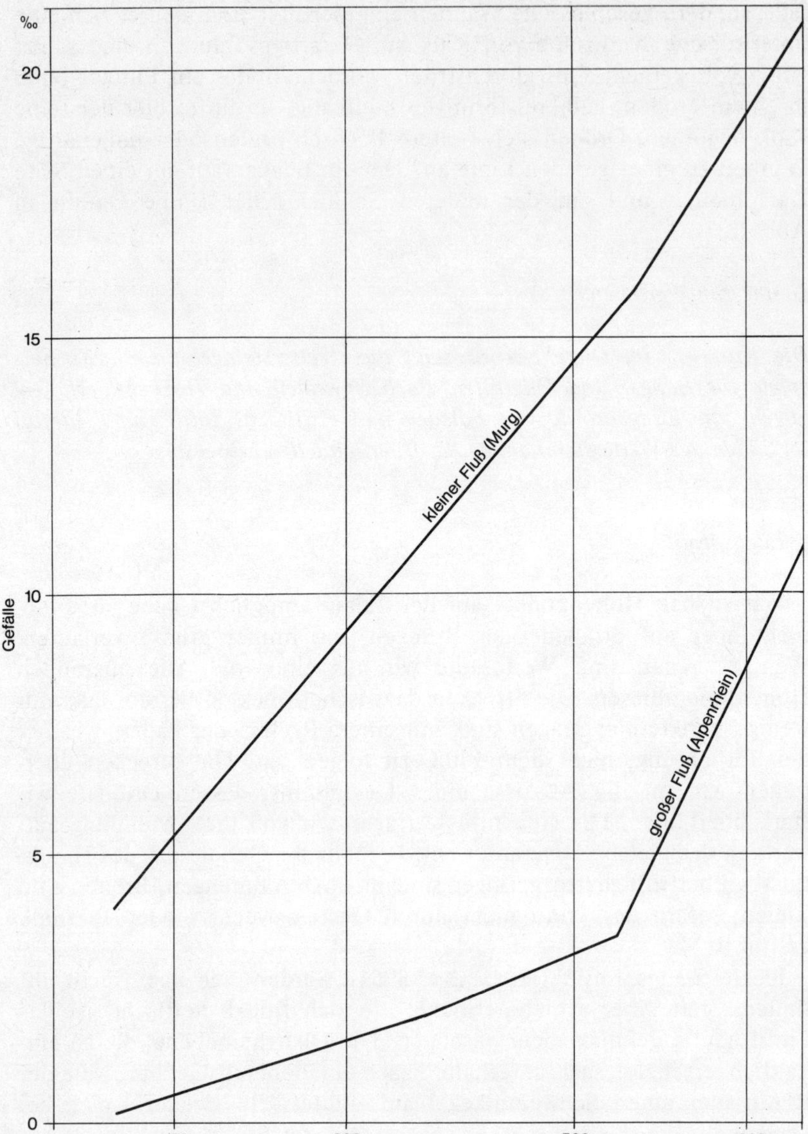

Abb. 15: Die Schleppkraft von Flüssen (gemessen als maximaler Geródurchmesser) richtet sich nach dem Gefälle und der Hochwassermenge (nach Angaben von WAGNER *1960).*

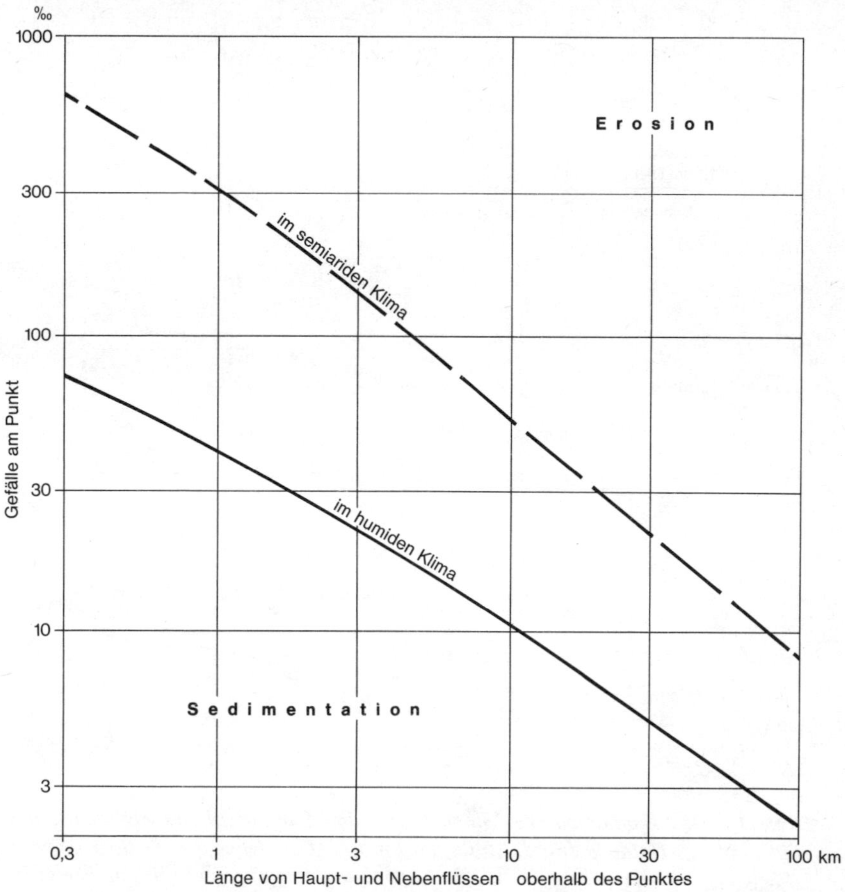

Abb. 16: Mittlere Grenzlinien zwischen Erosion und Ablagerung (nach WERTZ *1971).*

Je stärker das Gefälle, desto schneller strömt ein Fluß (bei gleicher Abflußmenge und ähnlichem Bettprofil), er ist kälter, enthält mehr Sauerstoff und kann gröbere Gerölle transportieren. Wie aber Abb. 15 zeigt, geht bei der kleinen Murg ein großer Teil der Energie durch Reibung verloren, während der große Alpenrhein bei gleichem Gefälle viel gröbere Gerölle bewegen kann.

WERTZ (1971) bestimmt das Gefälle an einem beliebigen Punkt des Flusses und bezieht es auf die Flußlänge oberhalb dieses Punktes (Abb. 16). Zum Beispiel habe ein Fluß am Punkt P im humiden Bereich 4‰ Gefälle, Hauptfluß und Nebenbäche seien zusammen 20 km lang, dieser Fluß wird bei P im Jahresdurchschnitt mehr ablagern als erodieren.

Die *Gesamtabtragung* in einem homogenen Einzugsgebiet hängt linear vom Reliefverhältnis ab (nach SCHUMM 1956). Wir ermitteln es, indem

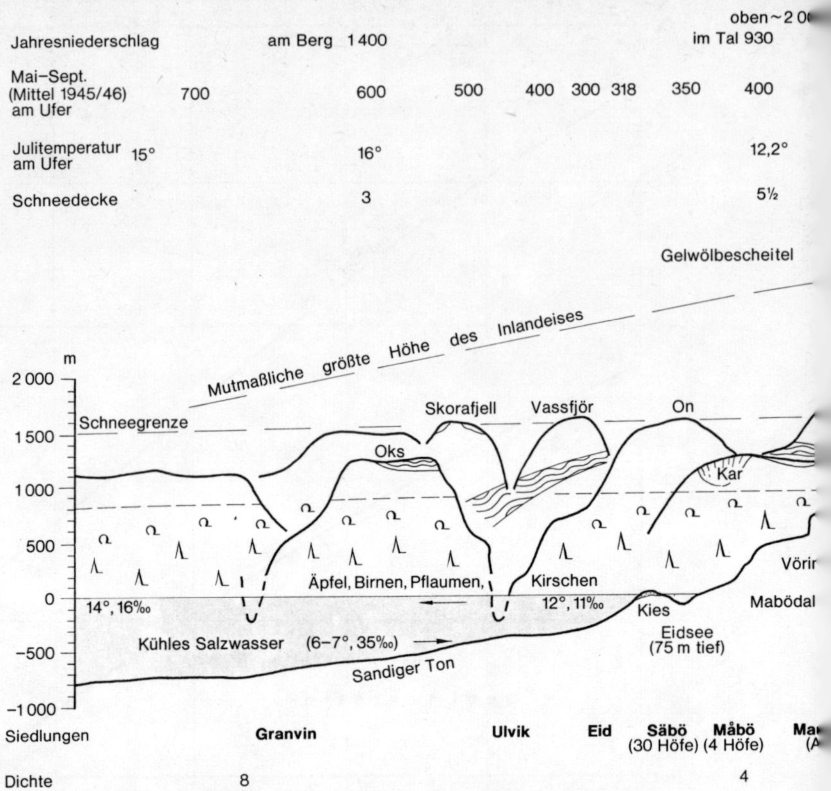

Abb. 17: Das skandinavische Inlandeis hat das Längsprofil des Måbödals, des Eid- und des Hardangerfjords völlig umgestaltet (Übertiefungen). Seitlich münden Hängetäler untermeerisch ein. Weiße Kappen der Berge = gegenwärtige Gletscher

wir von der Höhe des höchsten Punktes die des tiefsten abziehen und diese „Reliefenergie“ (REn) durch die Länge des Einzugsgebietes (genauer den längsten Durchmesser parallel zum Hauptfluß, L) teilen:

$$\text{Abtragung} = \text{const. REn/L}$$

Eine andere Möglichkeit, aus Karten die Abspülungsgefahr („potentielle Reliefenergie“ PREn) zu ermitteln, gibt SILVESTROV an:

$$\text{PREn} = h : 10 \sqrt[4]{E}$$

h = Höhenunterschied, E = Einzugsgebiet, jeweils oberhalb des betrachteten Punktes.

Auf steilen Hängen fließt ein größerer Anteil des Regenwassers oberflächlich ab als auf flachen, deshalb sind Flußgebiete mit starkem

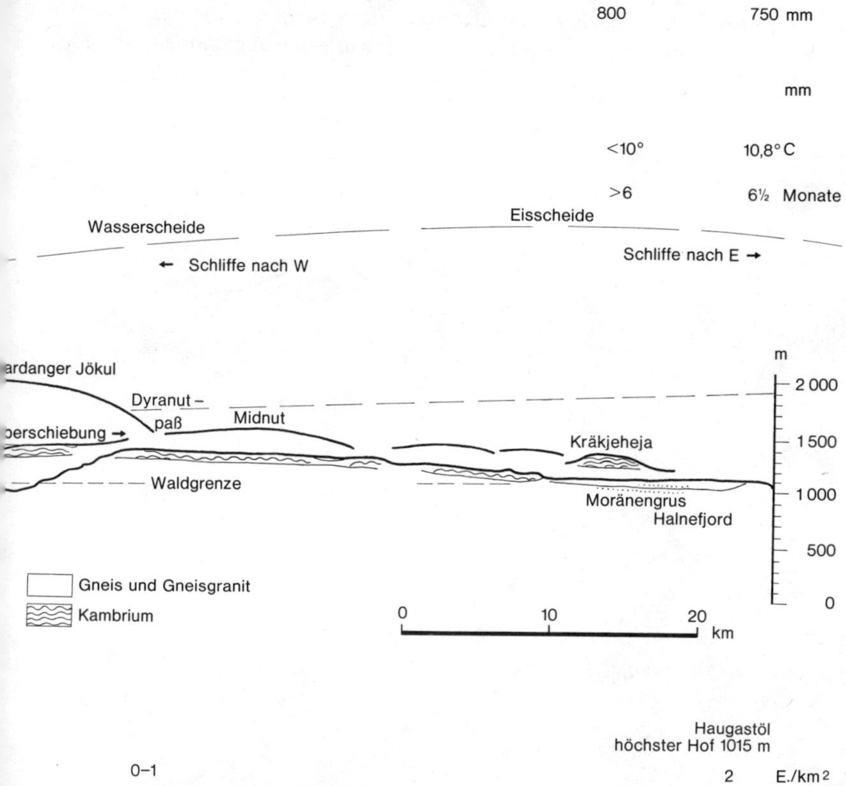

und Schneefelder (nach Norges Oppmaling 1:100 000 und Geologisk Kart over Norge 1:1 Mill., nach FEZER *1966).*

Relief stärker von Hochwässern bedroht. Hat ein Tal dagegen eine breite Aue oder sind Seen oder Aufschüttungsebenen eingeschaltet, so schlucken diese einen großen Teil der Wassermassen.

Besteht ein Tal aus Schwellen und Becken (teils noch Seen, teils zugefüllt), münden Nebenflüsse mit Klammen oder Wasserfällen (Abb. 19), so mag es von einem Gletscher durchflossen worden sein (Abb. 17). Paßt das Flußnetz zu dieser Vorstellung (nicht baumförmig integriert, sondern scheinbar zufällig, s. Abb. 4)? Wenn Felsen im Strom eingezeichnet sind und sich das Bett verengt, vielleicht auch nur das Tal, das Gefälle besonders hoch ist, oder Flur- und Ortsnamen wie „Gewild", „Kachlet" oder „Laufen" auftreten, so fließt hier der Strom schnell und wild. Er quert an vielen solchen Stromschnellen ein besonders widerständiges Gestein, am Binger Loch z. B. Quarzit, an anderen Stellen vielleicht eine junge Verwerfung.

Abb. 18: Quelltöpfe und dichtes Bachnetz im undurchlässigen Gestein; Polje mit Flußschwinde in den Kreidekalken des Karstes (nach der Karte von Jugoslawien 1:50000, Blatt Ogulin).

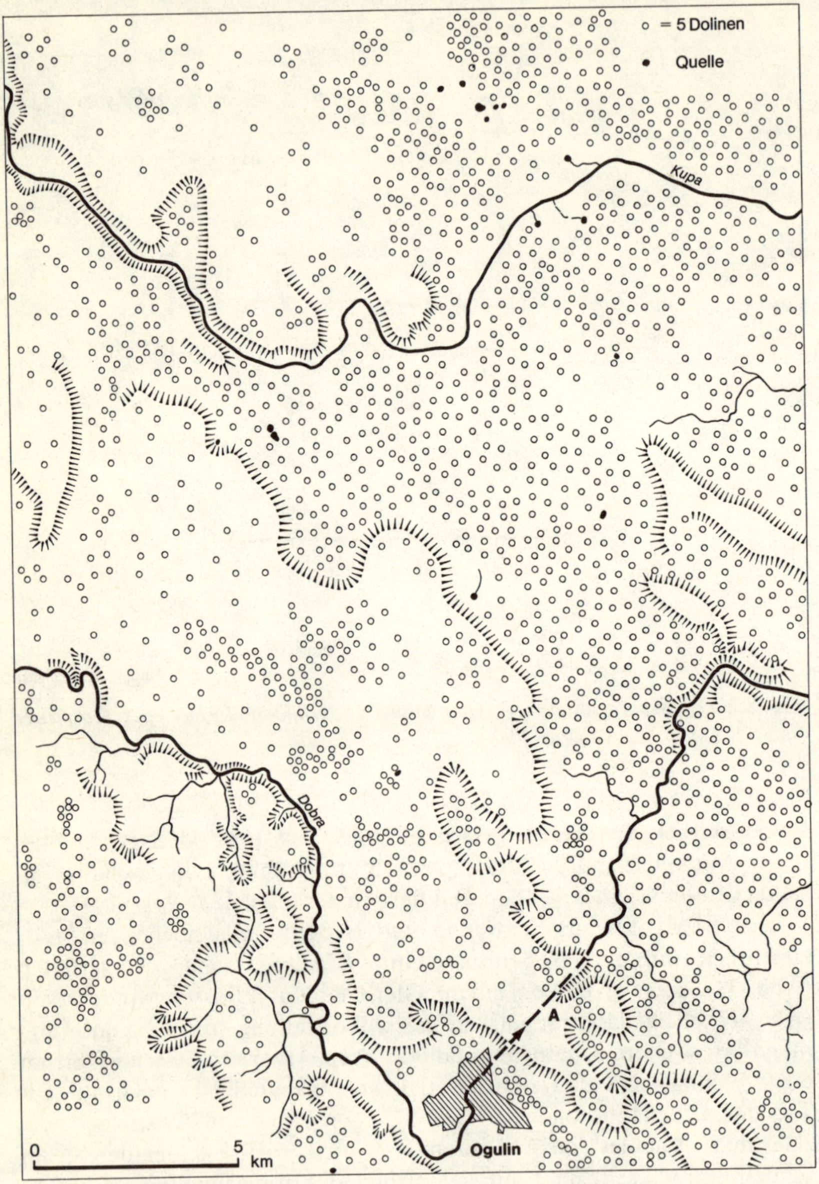

Abb. 19: Die wichtigsten Taltypen im Höhenlinienbild und im Querprofil. ▷

Wenn *intramontane Becken* geradlinig begrenzt sind (Abb. 29), so ist hier ein Graben eingebrochen. Ist dies weniger deutlich, so schauen wir, ob im Bergland das Flußnetz weitmaschig ist und nennen dann das Becken ein Polje. Liegt das Becken dagegen in anderen als Kalkgesteinen, so ist es in einem semiariden Klima geformt worden.

An *Bachschwinden* kommt der Fluß aus einem undurchlässigen in ein durchlässiges Gestein. Endet er in einem Halbzirkus, sprechen wir

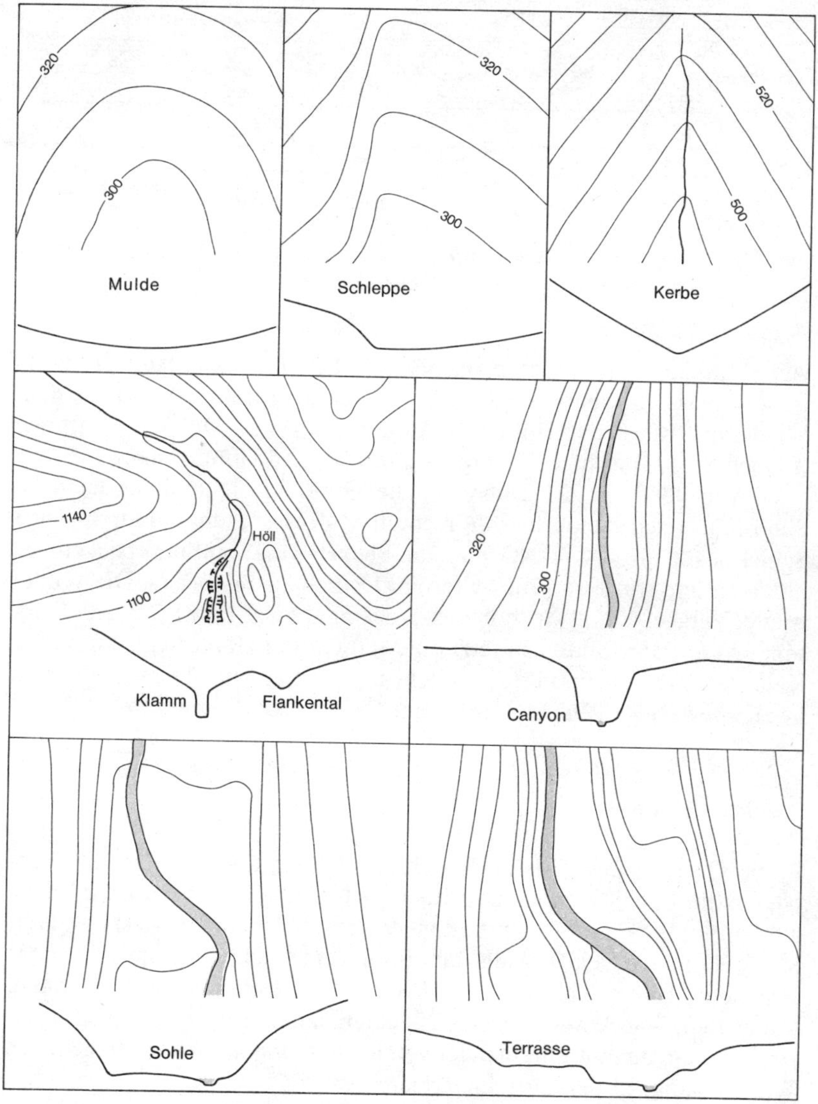

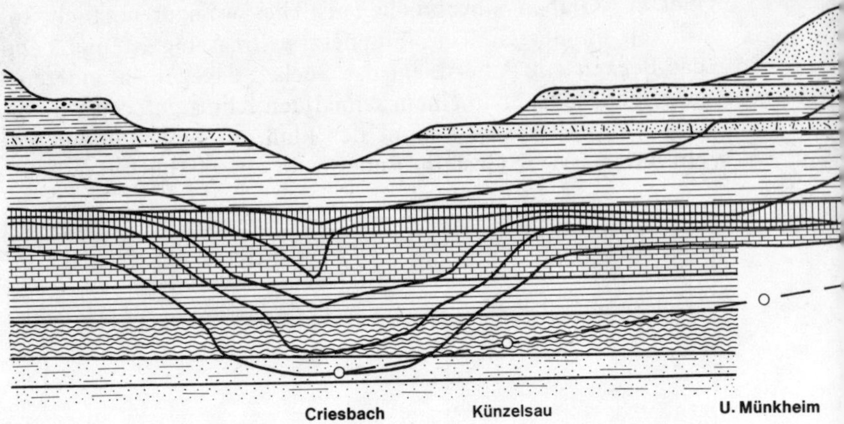

Abb. 20: Querprofile des Kochertales, von Sulzbach über Schwäbisch-Hall bis Künzelsau hintereinander gezeichnet. Weite Formen in den Mergeln, Kerben im

von Blindtälern. Ist unter benachbarten Tälern eines besonders groß, ist sein Wasser besonders weich. Nahe dem Schluckloch und nahe dem Wiederaustritt ist das Höhlendach dünn, dort sind Dolinen zu finden (s. auch S. 65: Unruhiges Feinrelief aus Voll- und Hohlformen).

In Abb. 18 fließt die Dobra (= die Gute) in einem Längstal nach Südosten, reich gespeist von rechten Zuflüssen, die undurchlässige Schicht fällt also nach NO ein. Im Becken von Ogulin versickert sie plötzlich und tritt erst 5 km weiter nordöstlich als Bistrica (= Die Wilde) wieder zutage. Ein etwas höheres Trockental zeigt einen älteren Quelltopf (A) an, dort muß also jetzt eine luftgefüllte Höhle sein. Im reinen Kalk der nördlichen Hälfte sprudeln nur wenige Quellen, sie wird von der Kupa als einzigem Fluß in einem Canyon durchschnitten.

Talquerprofile

Die Gestalt eines Tals ist bei einiger Übung aus dem Höhenlinien- oder Schraffenbild direkt abzulesen (Abb. 19). Auf Vieles wird man aber erst aufmerksam, wenn man einen Schnitt zeichnet (Hofmann, 1971, S. 75; Frebold, 1951). Falls ein Fluß verschiedene Gesteine durchschneidet, lassen sich mehrere Querprofile hintereinander zeichnen, wie es Lenz und Wagner (Abb. 20) getan haben. Engen und Weitungen lassen sich dann gut miteinander vergleichen und aus der verschiedenen Widerständigkeit der Gesteine erklären.

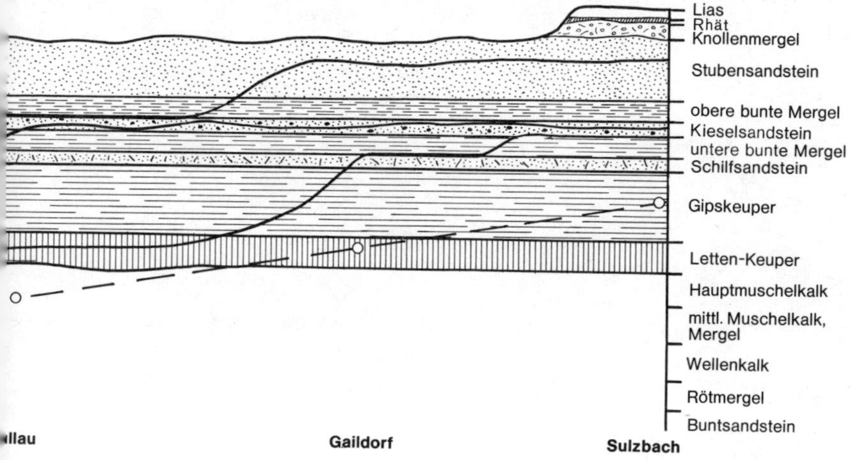

Sandstein, Canyons im Kalk (aus WAGNER *1919).*

Die Querschnitte aller Täler lassen sich auf die Typen Klamm, Kerbtal, Kastental und Mulde zurückführen, die am Verlauf der Höhenlinien zu erkennen sind (Abb. 19). Klammen sind Ausgleichsschluchten von Hängetälern meist glazialer Abkunft, Cañons sind von Fremdlingsflüssen in Kalk oder Wüstengebiete eingeschnitten, in beiden Formen wirkt allein die Tiefenerosion, weil seitliche Zuflüsse fehlen. In Kerbtälern wirkt die Tiefenerosion, wird aber durch Hangabspülung oder Seitenbäche unterstützt. In Sohlentälern überwiegt die Seitenerosion des Flusses über die Tiefenerosion. In Muldentälern fließt das Wasser dagegen nicht linear ab; solche „Dellen" entwickelten sich besonders häufig auf Löß.

Ist die Talsohle beackert, so liegt der Grundwasserspiegel tiefer als 1 m unter Flur. Handelt es sich um eine ältere Flußterrasse, einen Rücken in der Talmitte, Dünen, ehemalige Uferwälle, oder ist der Fluß eingedämmt oder begradigt worden? In Niederungen drängen sich Siedlungen und Verkehrswege nahe dem Ufer (Abb. 46). Meist liegen diese Stränge einige Dezimeter höher, denn der Fluß hat einen Uferdamm aufgeschüttet, der aus gröberem Sediment besteht, während das Feinmaterial nicht so hoch reicht und außerdem stärker sackt. In den wiesenreichen „Randniederungen" oder „Sietländern" steht der Grundwasserspiegel hoch, und der Gleyboden enthält wenig Sauerstoff.

Mulden-, Kerb- und Sohlentäler haben oft einen asymmetrischen Querschnitt, besonders häufig sind die obersten 10 km eines Bachs im Hügelland als „Schleppental" ausgebildet. Sind die Flachseiten alle

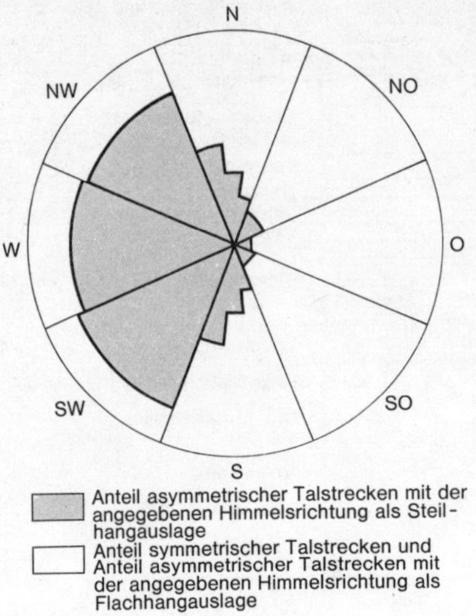

Abb. 21: Asymmetriehäufigkeit im Mauerner Tal in der Hallertau (Niederbayern); Abschnitte nach Steilhangexpositionen geordnet; alle Beispiele einer Richtung = voller Radius (nach Karrasch*).*

Abb. 22: Niederterrassentreppe vor den Jungmoränen am Inn bei Gars (Oberbayern); asymmetrisches Tal und Schwemmfächer bei Elsbeth (nach Troll *aus* Hofmann/Louis*).* ▷

nach einer bestimmten Richtung orientiert, so kann es an einer tektonischen Kippung, an der Neigung einer Schichttafel oder an ungleicher Abtragung und Erosion während der Kaltzeiten liegen. Richten sich die Steilseiten nach SW oder W, so ist eine klimatische Asymmetrie anzunehmen. Verteilen sich auch Zuflüsse und Quellen asymmetrisch, handelt es sich um sub- oder konsequente Flüsse in einem Schichtstufenland. In der Hallertau fand z. B. Karrasch (1970) ostwestliche Talabschnitte von zusammen 101,15 km Länge, davon hatten 15,95 km einen nach Süden gerichteten Steilhang (Asymmetriehäufigkeit für Süd also 15,7 %), während solche in Westexposition viel häufiger waren (Abb. 21), hier bleibt von allen Erklärungsmöglichkeiten nur die klimatische.

Das Trockental von Elsbeth (Abb. 22) weist auf einen durchlässigen Untergrund; den scharfkantigen, steilwandigen Kerben nach kann es nur grober Flußschotter sein. In 490, 450 und 425 m Höhe breiten sich Terrassenplatten aus, in die sich der Inn bereits wieder 80 m tief eingeschnitten hat. Das Nebental ist nur 30 m tief eingesägt und dann trocken gefallen, als der Grundwasserspiegel tiefer abgesunken war. Während seiner Bildung wurde der SW-exponierte Hang versteilt, die Asymmetrie ist also kaltzeitlich (s. Abb. 21). Welcher Anteil des ausgeräumten Schotters gleich wieder im Hochstraßer Schwemmkegel liegen blieb, läßt sich berechnen (knapp die Hälfte). Der Kegel ist wiederum von einer symmetrischen Kerbe zerschnitten, aus der ein winziger Fächer auf die Terrasse von Mailham quillt. Zur Zeit dieser letzten Terrassenbildung war offenbar das Land wieder bewachsen, nur einzelne, katastrophale Starkregen konnten jetzt noch einwirken (nach Troll in Hofmann und Louis 1968, V/4).

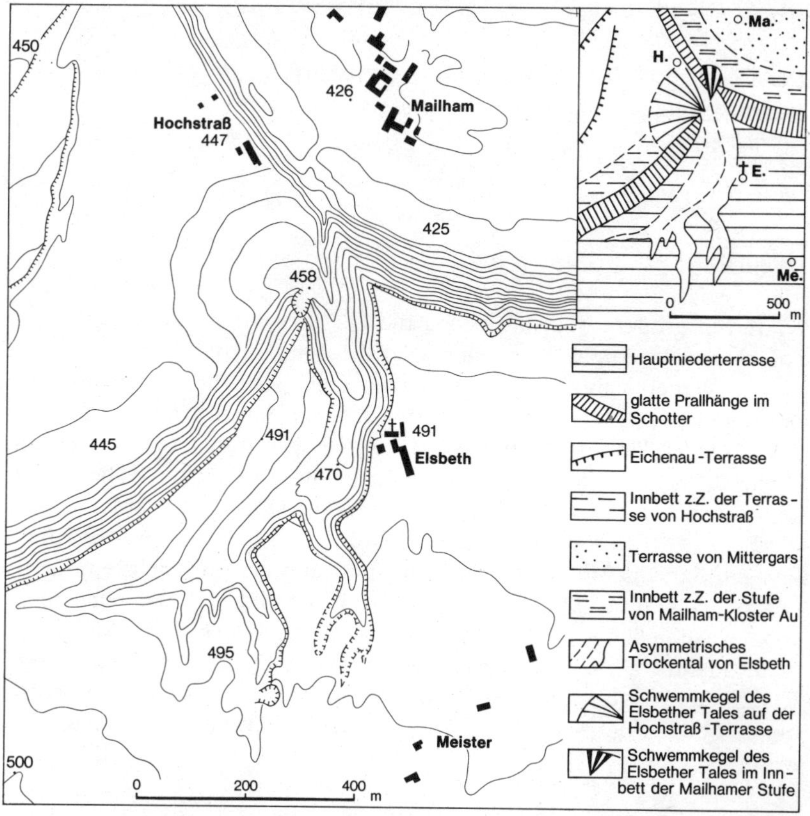

Sind die Hänge konvex, so scheint die Erosion nachträglich wieder stärker geworden zu sein. Ist der Hang, besonders der Gleithang, stellenweise verflacht, dann ist dort vielleicht ein älterer Talboden erhalten, am ehesten ist er in einem Umlauftal erhalten. Deutlicher als Erosionsterrassen sind diejenigen zu erkennen, die durch Aufschüttung und anschließende Zerschneidung geformt wurden. Der Steilrand erscheint im Höhenlinienbild nur, wenn die Terrasse sehr hoch und breit ist, im andern Fall vielleicht als Grenze der Wiesenaue gegen eine etwas höhere, nicht mehr überschwemmte Fläche mit Äckern, Straßen und Siedlungen, manchmal wird der Steilhang auch durch Gebüsch oder Wald betont. Je stärker die Terrassenfläche zerschnitten und die Kante abgeflacht ist, um so älter ist sie. Fallen die Terrassenkanten parallel zur Aue? Sehr alte Terrassen fallen oft steiler ein, oder es kann ein Tal früher in umgekehrter Richtung entwässert haben. Eine Verflachung des Hangs kann nicht nur durch eine kaltzeitliche Überlastung mit Schottern sondern auch durch eine widerständige Schicht bedingt sein.

Übung zum Vertiefen

Die Karte 2/2 im Diercke-Weltatlas zeigt eine Schleife der Mosel. In welchen Höhenlagen über dem Fluß ist der Hang verflacht? Wie werden die Terrassenflächen genutzt?

Quellen

Karten in großem Maßstab geben die Quellen durch blaue Punkte an, auf kleinmaßstäbigen kann man sich die Flußanfänge besonders markieren. Reihen sich die Quellen in tiefer Lage, so steht dort wahrscheinlich der Grundwasserspiegel; zieht sich dagegen ein Horizont von Quellen am Hang entlang, so beginnt dort ein weniger durchlässiges Gestein. Wenn die Quellen auf beiden Talseiten nicht auf gleicher Höhe liegen, sind die Schichten verworfen. Wenn sie auf einer Seite fehlen, fallen die Schichten so stark ein, daß das Sickerwasser auf der wenig durchlässigen Schicht in den Berg hinein fließt und erst im nächsten Tal als besonders kräftige Quelle zutage tritt. Wenn dagegen die Quellen in ganz verschiedener Höhe entspringen, so fließt das Sickerwasser im Schuttmantel (z. B. Granitgrus) und dringt nicht in das Gestein ein. Reihen sich Quellen an einer geraden Linie auf, besonders Mineralquellen oder Thermen (Abb. 26), so dringt das Wasser längs einer Verwerfung empor.

Gletscher

Mit weißen Flächen und blauen Höhenlinien sind in entsprechenden Gebieten die übersommernden Eis- und Schneeflächen dargestellt; Karten der Nordhalbkugel geben also den Zustand im August an. Liegen die Gletscher auf Hochflächen, schildartigen Kuppen, Schatthängen oder in Rinnen? Neben den Eiskappen und Talgletschern unterscheiden WILHELM (1972, S. 146), SCHNEIDER u. a. noch weitere Typen. Bei Beachtung des Typs läßt sich aus der Eisfläche nach LAGAREC und CAILLEUX die mittlere Mächtigkeit abschätzen (Abb. 23) und schließlich das Volumen berechnen.

Auf großmaßstäbigen Karten zeigt die Scharung von Höhenlinien und Spalten, daß sich das Eis einem gekrümmten Längsprofil anpaßt. Ein glatter Gletscher fließt vielleicht auf einer gleichmäßig fallenden Felsunterlage, häufiger jedoch tritt eine glatte Oberfläche bei sehr mächtigen

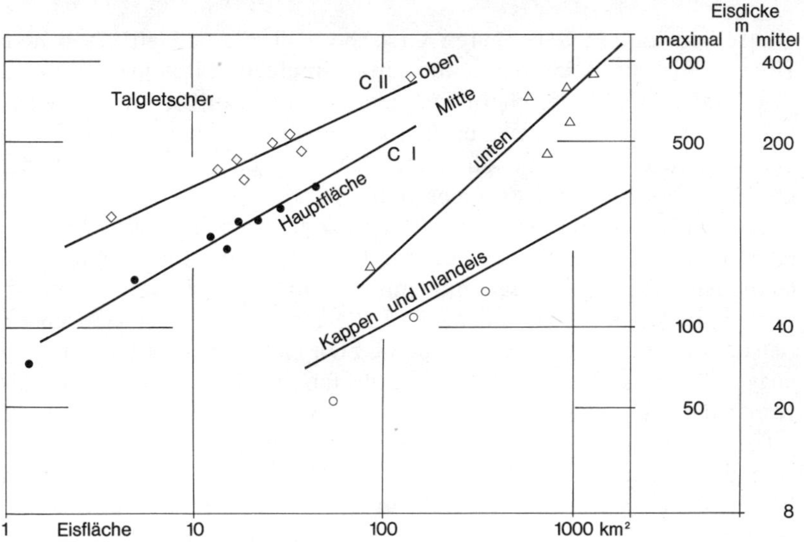

Abb. 23: Ermittlung der Eisdicke aus der Gletscherfläche (nach LAGAREC *und* CAILLEUX *1972).*

Abb. 24: In der Lewis-Kette (Rocky Mountains) haben sich nur in N- bis SSO-Richtung Gletscher entwickelt. Die Kare sind hier ausnahmsweise unabhängig von der Exposition, sie liegen über der eiszeitlichen Schneegrenze (Entwurf HORN*).*

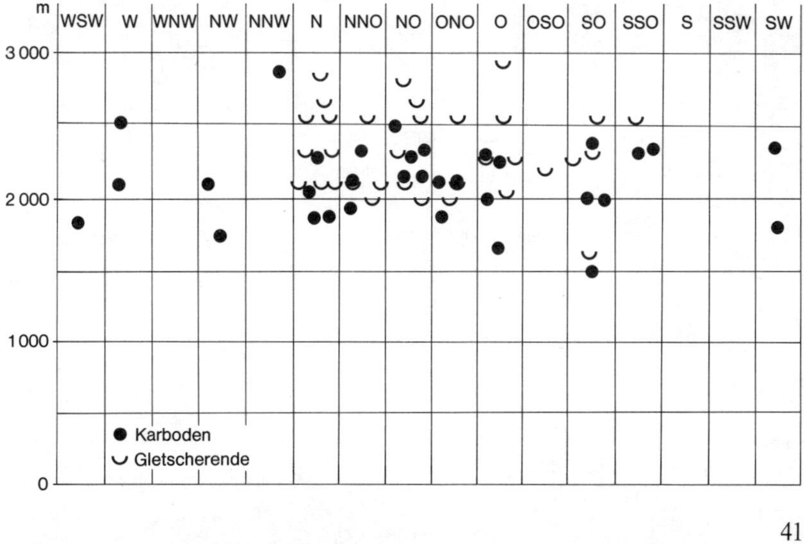

Gletschern auf. In den oberen Gletscherhälften zeichnen die blauen Höhenlinien das Relief der Schneesammelmulden (Firnfelder) nach, an den Enden von Talgletschern springen die Linien in der Mitte talwärts vor, der Strom ist also gewölbt, hier taut mehr Eis, als im Winter durch Schnee neu entsteht; die dünneren Seitenpartien erhalten wegen der größeren Reibung weniger Nachschub.

Setzen die weißen Felder alle etwa in der gleichen Höhe ein (Abb. 17), oder hängt die Untergrenze von der Exposition ab? Im letzteren Fall kann man diese in ein Diagramm eintragen; in der Lewis-Kette (Abb. 24) reichen die Gletscher auf den nach N, NO und O gerichteten Hängen am tiefsten hinab (mit einer Ausnahme im SO). Laufen braune Höhenlinien enggedrängt als Dreiviertelkreise, so dürfen wir diese Hangnischen als Kare auffassen, die während der Kaltzeiten von Eis erfüllt waren, damals gab es also auch auf den Sonnseiten kleine Gletscher; diese Kare finden sich nicht unterhalb von 1500 m, weil das Talnetz bis zu dieser Höhe im Eis ertrunken war. Dagegen floß im Tal der Enz (Nordschwarzwald, Abb. 25) kein Eis, auch am Hang konnte sich nicht viel Schnee halten. Je näher ein Quelltrichter der NO-Exposition kam, um so mehr Schnee häufte sich an und um so stärker wurde die Kerbe ausgerundet.

Bei kleineren Gletschern grenzen etwa in der Mitte zwischen höchstem und tiefstem Punkt das Nähr- und das Zehrgebiet aneinander. Bei größeren markiert der Übergang von der muldenförmigen zur gewölbten Oberfläche diese „lokale Schneegrenze" (Louis 1954). Durch Mitteln

Abb. 25: Exposition und Grad der glazialen Umformung von Quelltrichtern im Nordschwarzwald (nach der Topogr. Karte 7217 Wildbad).

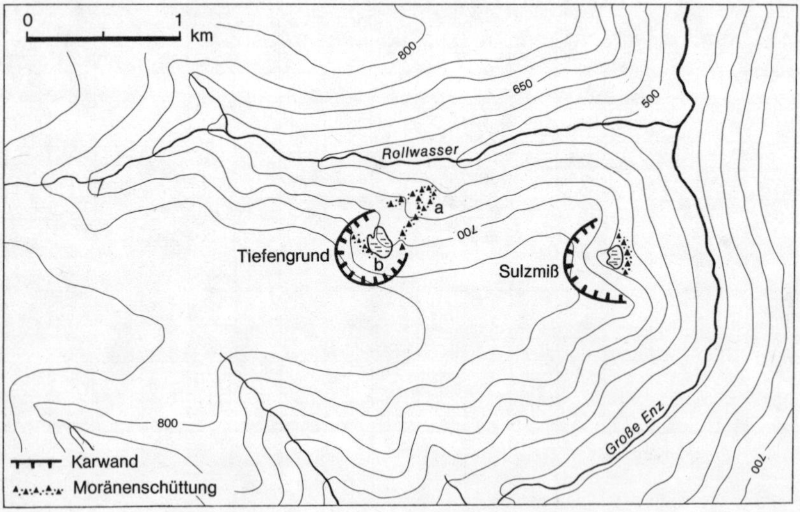

der Werte in den einzelnen Expositionen, dann dieser Werte über die ganze Windrose, erhalten wir die „klimatische Schneegrenze“, die in den Alpen einer Jahresmitteltemperatur von -5 °C entspricht. Kleine Gletscher in der Nähe der Schneegrenze können abgetaut sein, seit die Karte aufgenommen worden ist, während größere erst nach Jahrzehnten auf Klimaschwankungen reagieren. Queren Wälle unterhalb des Eisrands das Tal, so sind es Endmoränen eines älteren Gletscherstands (kahle Wälle = Maximum von 1929, bewaldete = älter als 1920).

Übung zum Vertiefen

Im Diercke-Weltatlas sind auf Karte 43 (Vierwaldstätter See) verschiedene Gletschertypen zu erkennen. In welchen Expositionen hält sich der Schnee am Rotstock, am Titlis und an den Aarhörnern? Wie hoch liegt die Schneegrenze?

Seen, Meere, Moore

Obwohl mit Hilfe des Echographen heutzutage die Gewässer ohne Mühe ausgelotet werden könnten, ist das entweder noch nicht geschehen, die alten Handlotungen sind vergessen, oder die Karten enthalten aus anderen Gründen keine Tiefenlinien. Wenn die Karte dagegen Isobathen angibt, prüfen wir, ob sich die Formen des Landes auch unter Wasser fortsetzen, ob Küstenformen (Strandwälle, Deltas, Canyons) untergetaucht sind, oder ob alle Formen (Sandbänke) den gegenwärtigen Kräften ihr Dasein verdanken. Bei Isobathen im Meer ist zu prüfen, ob sie in Meter oder Faden (fathoms) angegeben sind. Sind die Tiefen auf Seekarten-Null (= Spring-Niedrig-Wasser, s. Diercke-Weltatlas, Karte 3/6: Deutsche Bucht) oder Normal-Null bezogen?

Führt kein Fluß aus dem See heraus, so fließt das Wasser entweder unterirdisch ab (z. B. in Schottern oder Kalk), oder die Verdunstung übersteigt den Zufluß. Bei feuchterem oder kühlerem Klima war der Spiegel angestiegen und die Fläche gewachsen, mit ihr aber auch die Verdunstung. Der einstige Gleichgewichtszustand hat in höheren Uferlinien (von Brandungskehlen begrenzte Terrassen) seine Spuren hinterlassen.

Diejenigen Prozesse, die ein vorhandenes Relief ausgleichen und abflachen, z. B. fluviatile und periglaziale, sind auf der Erde am weitesten verbreitet. Jede Depression verdient also unsere Beachtung, ob sie nun durch Senkungsvorgänge, ungleichmäßige Sackung, Abriegelung oder durch Windausblasung entstanden ist. Leider sind geschlossene Hohlformen auf Schraffen- und Höhenlinienkarten schwer zu erkennen, was

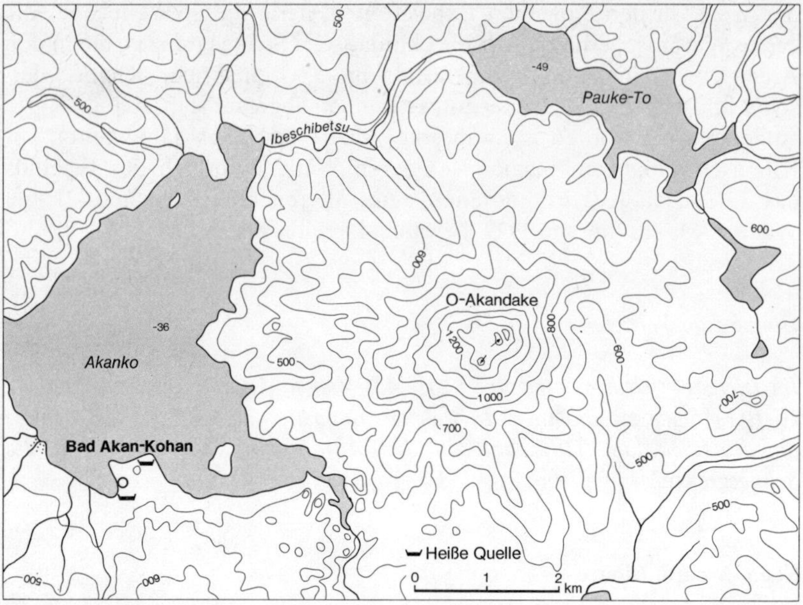

Abb. 26: Vulkankegel auf Hokkaido. Lavaströme dämmen ein Tal mehrfach ab. Seen und Berge gehören zu einem Nationalpark (nach der Karte von Japan 1 : 50 000, Blatt Akanko).

im humiden Klima in Kauf genommen werden kann, weil sie sich hier sofort mit Wasser füllen, falls sie nicht in einem Gestein wie Kalk, Schotter, Sand oder Löß liegen. Seen sind kurzlebige Gebilde, sie verlanden relativ schnell. In dem sehr jungen Akanko-See (Abb. 26) hat erst ein Fluß ein kleines Delta geschüttet, und vermoorte Buchten suchen wir vergeblich. Um den Ennis Lake (Abb. 27) laufen in einigem Abstand Steilränder herum, die an einen höheren und größeren See erinnern, der Ausfluß hat nämlich den sperrenden Gebirgsriegel durchgesägt und den Spiegel tiefer gelegt. Liegen an der alten Uferlinie Dünen? Sie könnten aus Strandsanden zusammengeweht sein. Die Tiefe des Sees kann einen Hinweis über den Wasserhaushalt geben, je größer die mittlere Tiefe, um so stärker ist der Temperaturgang verzögert, um so seltener gefriert ein solcher See zu. Die Tiefe gibt auch Aufschluß über die Genese, für die folgende Möglichkeiten offen stehen (über die Einteilung der Seen siehe Wilhelm, 1972, S. 129).

In ariden Gebieten steht das Grundwasser tief, die oberen Boden- und anderen Schichten sind ausgetrocknet und können daher leicht verblasen werden (Abb. 36). Ist der tiefste Teil der Wanne vielleicht blau schraffiert oder mit einer blauen Linie umgeben, so mag es eine Endpfanne sein,

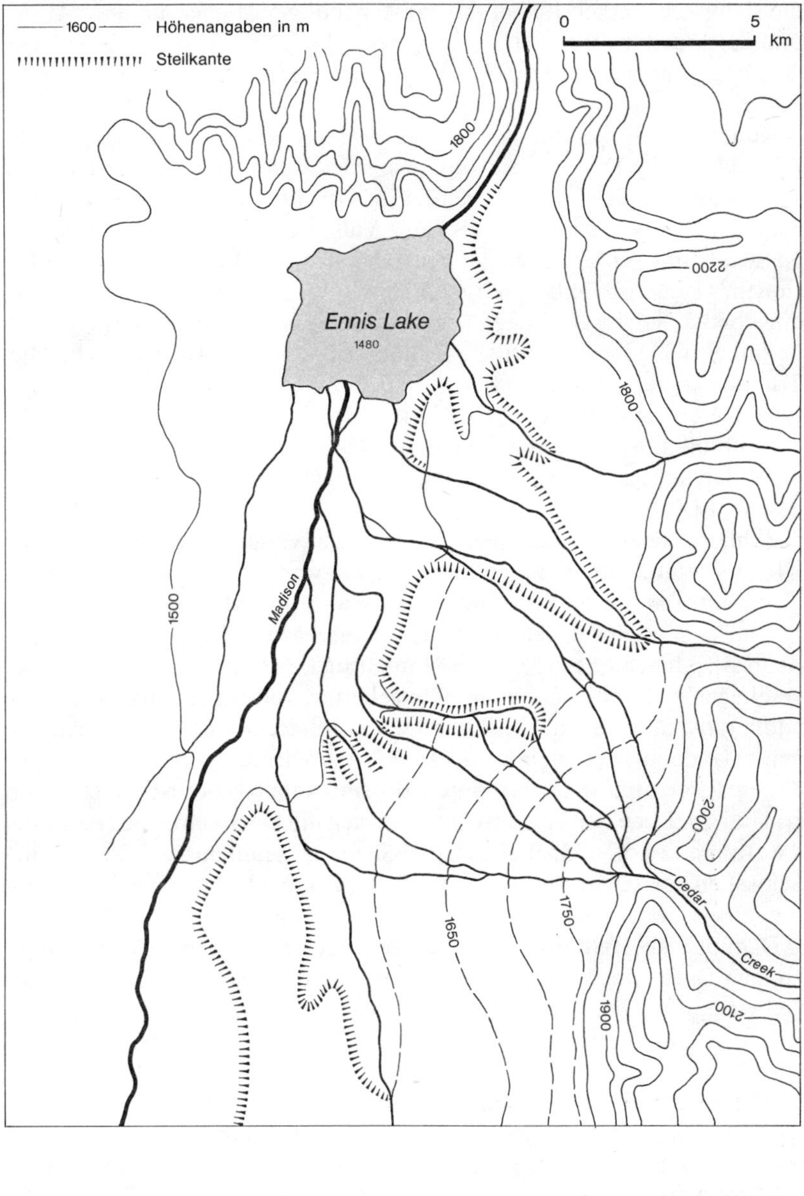

Abb. 27: Cedar Creek und andere Flüsse fächern beim Austritt aus dem Gebirge auseinander, ihre Schwemmkegel sind zum Glacis verwachsen. Der Madison River hat im N den Sperriegel z. T. durchsägt, der See ist geschrumpft, die Nebenflüsse zerschneiden das Glacis; der Madison schüttet ein neues Delta auf (nach der Karte 1:62 500, Blatt Ennis, Montana, USA).

die sich nach starken Regen mit Wasser füllt, sonst aber mit einer Gips- und Salzkruste bedeckt ist.

Sehr gradlinig begrenzte Ufer weisen auf einen Grabenbruch hin (z. B. Baikalsee).

Runde Seen füllen vulkanische oder Meteorkrater (Kanada), glaziale Karbecken oder Dolinen, die durch eingeschwemmten Lehm abgedichtet sind (Seeburger See bei Göttingen). Eine vulkanische Entstehung ist auch dann denkbar, wenn im Umkreis keine Vulkankegel und ähnliche Formen zu sehen sind, solche „Maare" entstanden durch kurzdauernde Explosionen. Größere Hohlformen sind stets in andere vulkanische Formen eingebettet, solche „Calderen" entstanden durch Nachbrechen.

Am Rand eines natürlichen Stausees können wir vielleicht die Trümmer eines Bergsturzes finden, z. B. beim Eibsee unter der Zugspitze. Bei anderen hat vielleicht ein Lavastrom das Tal abgedämmt. Auf Abb. 26 ist ein Flußtal sogar viermal gestaut worden; der Fluß hat die Barren noch nicht durchgesägt; die Lava ist also erst vor kurzer Zeit aus dem Krater geströmt (10 000 - 5 000 v. Chr.).

Zahllose Seen finden sich in ehemals vergletscherten Gebieten. Kleinere rundliche Seen an Bergflanken werden von isolierten Kargletschern (Abb. 17), die größeren von Tal- und Vorlandgletschern ausgeschürft (Zungenbecken) oder durch ihre Moränenwälle abgedämmt (Abb. 4). Manche Seen, z. B. in Nordeuropa, verzweigen sich netzartig, vereinigen sich radial an einem Gletschertor, von wo sich dann spiegelbildlich-radial ein Sander ausbreitet. Der mittlere See erscheint - manchmal mäanderartig pendelnd - als Hauptsammelrinne, weshalb KOZARSKI diesen Rinnentyp weiterhin durch Erosion subglazialer Schmelzwässer erklärt. Am Ende der Vergletscherung brach die Decke ein, Toteis erfüllte die Rinne, in den Spalten wurde Schotter sedimentiert, womit die Schwellen zwischen den Seen (auf der Karte als Landengen hervortretend) verständlich werden.

Dammartige Halbinseln oder langgestreckte Rücken in den Tälern können Oser sein. Wenn sich die Seen zu einer Kette anordnen, so hat vielleicht der Gletscher Felsbuckel zwischen den einzelnen Wannen stehen gelassen (Abb. 17) oder haben Seitenbäche mit Schwemmkegeln oder Deltas einen See nachträglich unterteilt (z. B. Züricher- und Walensee)? Sind statt Seen nur noch *Moore* vorhanden, so war das Gebiet in der letzten Eiszeit nicht mehr vergletschert, sondern die Hohlformen wurden von Fließboden, Flußschottern oder Torf (sind Torfstiche verzeichnet?) ausgefüllt.

An der Küste kann treibender Sand Buchten zu *Strandseen* abschnüren. Falls diese von einem Fluß durchströmt werden, bleibt ein Ausgang in der Nehrung offen, durch den bei Sturm das Meerwasser hereingedrückt und ein Rücklaufdelta aufgeschüttet wird.

In den Niederungen können Teile von Mäanderbögen als „Altlachen“ erhalten geblieben sein. Sind Nebenflüsse breit aufgestaut, so schüttet der Hauptfluß besonders hohe Uferdämme auf („Dammuferseen“).

Künstliche Seen kleineren Umfangs sind nicht immer als solche kenntlich, größere Stauseen fallen durch ihre glatten Sperrdämme auf, die gerade oder talaufwärts gewölbt sein können. Ist es ein schmaler Bogen, so handelt es sich um eine Mauer aus Stein oder Beton, ist er breiter (mehrere Reihen von Schraffen), so wurde ein Damm aus Steinen, Kies, Lehm oder Erde aufgeschüttet. Ein Erddamm ist billiger und läßt sich leichter in die Landschaft einfügen. Mußten Siedlungen und Verkehrswege verlegt werden? Tritt der Ortsname „Neu-...“ auf? Sind am Ufer Bootsstege, Gasthäuser, Jugendherbergen und andere Freizeiteinrichtungen geschaffen worden?

Befinden sich auch in benachbarten Tälern in etwas höherer Lage Stauseen, aus denen das Wasser durch Stollen in den großen See geleitet wird? Dann steht die Stromerzeugung im Vordergrund. Heißt ein Ort am Ufer nach dem See (z. B. Schluchsee), so ist anzunehmen, daß dieser schon vor dem Dammbau bestanden hat, daß der See nur etwas höher aufgestaut wurde (vergleiche Seetiefe und Dammhöhe!). Dadurch können bestehende Seen als Speicher nutzbar gemacht werden. Große Stauseen speichern Wasser für Ballungsräume, größere Industriewerke und Städte oder speisen Schiffahrts- und Bewässerungskanäle. Der Topograph zeichnet die Speicherseen in gefülltem Zustand, der in Europa meist von März bis Mai, in den Alpen und in Skandinavien von Juni bis September dauert und in wechselfeuchten Klimaten am Ende der Regenzeit erreicht wird. Führt eine gestrichelte Linie von einem tief- zu einem hochgelegenen Stausee, dann gehören sie zu einem Pumpspeicherkraftwerk; der obere erscheint im morgendlichen, der untere im abendlichen Stand.

Aus kleinen Weihern wurden einst die Bäche zum Flößen geschwellt (Waldname „Schwallung“). In übereinander gestaffelten Teichen werden Forellen gehalten, in nebeneinander liegenden meist Karpfen.

Geometrisch begrenzte Seen können Reste von Kies- oder Braunkohlengruben sein, rundliche Uferlinien bilden sich nach dem Ersaufen von Salzbergwerken. Die Kiesgewinnung weist uns auf mächtige Schotterlager, Braunkohle auf tertiäre Einbrüche und Auffüllungen hin.

Übung zum Vertiefen

Vergleiche die Seen und Küsten auf folgenden Karten des Diercke-Weltatlas: 10/I Deutsche Mittelgebirge, 19/5 Mecklenburg, 38/12 Helbra, 56/III Nordschweden, 59/VI Schären, 67/I Rom und 67/II Lagunen, 110/II Siwa und 111/I Victoriasee!

Küsten

Zahlreiche Kartenbeispiele mit Küstenformen führt SAWYER an. Wenn Gebirge mit gerader Linie an ein tiefes Wasser grenzen (Südostspanien), dürfen wir mit einem tektonischen Abbruch rechnen. Ähnliche, aber leicht geschwungene Küstenlinien können aber auch am Ende einer Entwicklung entstehen, wenn Vorgebirge abradiert und Buchten zugefüllt sind (Hinterpommern). An den Gebirgen sehen wir dann steile Kliffs und Hängetäler, seewärts sind Riffe anzunehmen. Schwemmebenen, Marschen und Strandseen deuten die ehemaligen Buchten an, flache Rücken mit Straßen und Siedlungen sind als Strandwälle und Nehrungen zu betrachten. Die Linien der Kliffs stehen oft senkrecht zu den Richtungen derjenigen Winde, deren Stärke 4 überschreitet. Aus derartigen Geraden setzen sich die Küsten kleinerer, freigelegener Inseln zusammen (z.B. Anholt im Kattegatt, nach SCHOU mündlich). Manche Nehrungen folgen der Resultante aus den einzelnen Richtungen. Je länger der Radius eines Sandhakens ist, um so höhere Wellen treten bei Sturm auf. Je flacher der Strand, desto feiner der Sand (DOORNKAMP-KING 1971: cotang. d. Neigung ~ mittlere Körnung).

Ist die Küste reich gegliedert, so ist das Meer durch einen Anstieg seines Spiegels (eustatisch im Wechsel von Kalt- und Warmzeiten) oder durch eine Landsenkung erst vor kürzerer Zeit in die Flußtäler eingedrungen, deren Unterlauf in einer Ria-Bucht ertrank, während der Mittellauf breit aufgeschottert wurde, oder wir befinden uns an einer Leeküste (Förden in Schleswig), oder die Buchten sind so tief (Fjorde), daß sie nicht in der verfügbaren Zeit abgeschnürt werden konnten.

Bei besonderer Sorgfalt sind auf den Karten vielleicht auch landeinwärts einige „tote Kliffs“, gehobene Strandflächen, zu finden, kleinere oder größere Ebenheiten, die an die Abrasion zu Zeiten eines relativ höheren Meeresspiegels erinnern. Ist außer der Hochwasser- noch eine Niedrigwasserlinie eingetragen? Wie hoch ist die Tide? Ist im Watt ein Ebbepriel-Abflußnetz zu sehen? Der Tidebereich eines Flusses ist auf englischen Karten hellblau, der nicht beeinflußte Lauf dunkler gezeichnet. Die Stärke der beiden Gezeitenströme ist auf älteren japanischen Karten durch zwei Pfeile angegeben. Mündet ein Strom trichterartig (Ästuar, Abb. 28), so läuft die Flut weit auf und staut das Süßwasser bis über die Trichterwurzel hinauf. Die Wasserkörper von kleinen Flüssen gleiten schon dort auf das Salzwasser auf (Abb. 17) und mischen sich mit ihm, so daß die Tontrübe ausflockt. Bei Strömen von der Stärke der Elbe wird im ganzen Trichter Sediment abgelagert.

Treten an einer Küste Ästuare und Deltas nebeneinander auf, so wirken zwar auf beide die Gezeiten ein, die Deltaflüsse führen aber mehr Sediment (WILHELM, 1972). Die meisten Deltas sind an der

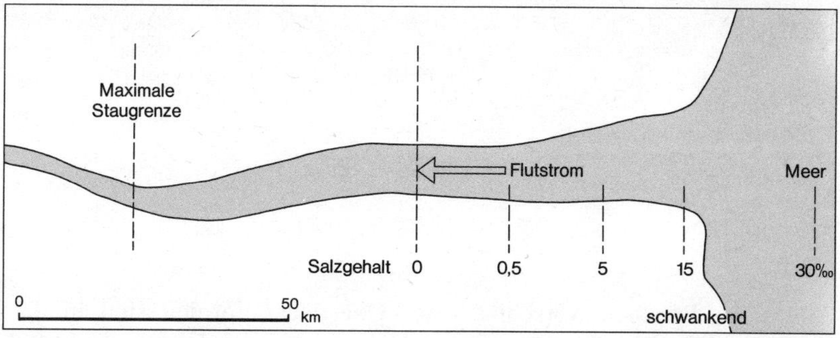

Abb. 28: Trichtermündung eines Stromes von der Größe der Elbe.

Meeresseite abgeschnitten, woraus sich z. B. beim Nil die Dreiecksform ergibt. Ist dagegen die Urform des „Vogelfußes“ erhalten wie beim Mississippi, so sind die seitlichen Strömungen schwach. Wo sich der Strom zum erstenmal spaltet, beginnt die auf den heutigen Meeresspiegel eingestellte Sedimentation (WILHELMY, 1966 b). SMART und MORUZZI (1972) empfehlen, die Zahl der Wiedervereinigungen durch die der Spaltungen zu teilen.

Nicht nur am abgeschnittenen Delta, sondern überhaupt an den meisten Küsten ziehen sowohl auf der Wasser- wie auf der Landseite parallele Strukturen entlang, es sind Strandwälle, auf denen sich häufig Dünen entwickelt haben. Frische, blockige Wälle können kahl sein, während die Wannen von Wald eingenommen werden, häufiger sind die Wälle bewaldet und die Wannen beackert. Küsten mit vielen Wällen, Nehrungen und Haken sind aus Lockersedimenten aufgebaut. Wo Nehrungen durchbrochen sind, deutet ein „Rücklaufdelta“ auf der Haffseite auf Sturmfluten und starken Sedimenttransport auf der Meeresseite. Wo festes Gestein ansteht, wird es an den Kliffs abgetragen und bildet anschließende, kleine Haken. Lockermaterial kann aber auch aus einer Flußmündung stammen.

Flußmarschen sind wegen ihres Schlickbodens oft durch kunstvolle Entwässerungs- und Deichsysteme in Wert gesetzt worden. Wird auch an der freien Meeresküste Land gewonnen, so wird dort ebenfalls Schlick angespült, während Sand- und Kiesstrände nicht zur Landgewinnung einladen. Sind nur Schleusen oder Siele vorhanden, ist der Niedrigwasserstand tief genug zum Abzug des Regenwassers; Schöpfwerke (Pumpen) werden bei geringem Tidenhub oder Einpolderung (ohne Schlickaufhöhung) nötig.

Relief

Zahlreiche Beispiele verschiedenster Oberflächenformen sind in den Kartenwerken von SCOVEL u.a. und im *„Atlas des Formes de Relief“* zu finden. Bei der Betrachtung der Täler haben wir bereits die häufigsten Hohlformen des Reliefs kennengelernt. Wir wenden uns nun den Vollformen zu und schließen die seltenen geschlossenen Hohlformen an. Einfach gebaute Berge lassen sich leicht überblicken, oft deckt sich auch die Verteilung von Wald und Offenland mit gegensätzlichen Reliefeinheiten innerhalb eines Kartenausschnitts.

Herrschen unter den Bergen Kämme, Kuppen, Kegel, Plateaus oder niedere Wälle und Hügel vor? Stehen diese frei in einer Ebene oder sind sie enggedrängt und miteinander verbunden? Ähnlich wie das Flußnetz statistisch zu erfassen ist, untersucht SPEIGHT (1968) die Wasserscheiden, z.B. durch die Kammdichte, Vernetzung und Orientierung; er vermutet, daß diese Parameter das Relief besser kennzeichnen als die der Flüsse, weil die Wasserscheiden weniger gekrümmt sind und weil die Werte nicht davon abhängen, ob das Flußbett zur Zeit der Kartenaufnahme Wasser führte oder nicht.

Zu beachten ist, daß die älteren Topographen Höhenlinien geglättet haben (IMHOF, 1957). Schwerer zu überblicken ist das Relief dann, wenn einzelne Hänge steil sind und der Topograph auf den flachen Teilen Hilfshöhenlinien eingeschoben hat (HOFMANN, 1971, S. 76). Man kann dann einzelne oder auch alle Höhenschichten, z.B. den Bereich 700–750 m, farbig anlegen (LESER, 1968, S. 16) oder auf einem Deckblatt generalisierte Höhenlinien von Sporn zu Sporn ziehen und die Täler überspringen. Zu genaueren Ergebnissen kommen wir, wenn wir die vorkommenden Höhen in zehn oder mehr Stufen einteilen, über die Flächen zwischen den betreffenden Höhenlinien durchscheinendes Millimeterpapier legen (HEMPEL, 1958, S. 275) und die Flächen durch Auszählen ermitteln. Bequemer ist es, diese Höhenschichten-Flächen zu planimetrieren, notfalls auszuschneiden und zu wiegen.

Werden in einem Verteilungsdiagramm auf der Ordinate die Höhenstufen, auf der Abszisse die zugehörigen Flächen abgetragen (CLARKE, 1967, S. 242), so ist erkennbar, welche Stufen besonders ausgedehnt sind; wir werden diese genauer betrachten und eventuell unterteilen.

Handelt es sich um Spülflächen oder deren Relikte, um durch widerständige Schichten bedingte Stufen oder um Flußterrassen? Weil in Gebirgen die Niederschlagsmenge mit der Höhe zunimmt, dürfen wir zwischen den Stationen interpolieren und die erhaltenen Werte für die einzelnen Höhenstufen mit den zugehörigen Flächen multiplizieren, wir erhalten so die Niederschlagsmenge unseres Kartenausschnitts oder eines bestimmten Flußeinzugsgebiets (dann durch die Abflußmenge kontrollierbar). Mit der Höhe steigt auch der Anteil des Schnees und überhaupt des oberflächlichen Abflusses. Wo Vegetation und landwirtschaftliche Nutzung gleichmäßig nach der Höhe gestuft sind, können wir auch deren Flächen angeben. Wissen wir etwas über die Bodenabspülung in den einzelnen Stufen, können wir auch die Sedimentfracht der Flüsse abschätzen.

Tragen wir für einen Kartenausschnitt oder für ein Flußeinzugsgebiet den Anteil der höchsten Fläche zuerst ein und addieren bei der nächsttieferen Stufe den Anteil der höchsten dazu, so erhalten wir schließlich eine Summenkurve, die „hypsographische Kurve" (STRAHLER, 1952). Die Fläche unter ihr ist das „hypsometrische Integral"; ein solches über 60% ist typisch für junge Zerschneidung von Hochflächen, während 35% nur bei schwachem Relief, dem einige Vulkankegel oder Inselberge aufgesetzt sind, unterschritten werden (s. auch PIKE und WILSON 1971).

Wenn Flußnetztypen, Bergformen, wald- oder wiesenreiche Räume streifenartig auf der Karte angeordnet sind, so führt ein Querschnitt schneller zu einem Überblick. Die Höhenlinien sind möglichst senkrecht zu schneiden, Knicke in der Richtung müssen dafür in Kauf genommen werden (FREBOLD, 1951).

Die wahren Hangneigungen lassen sich nicht nur im Profil, sondern auch flächenhaft darstellen. Um eine „Neigungskarte" vielseitig verwerten zu können, seien folgende Klassen empfohlen (Tabelle steht auf Seite 52).

Am Rand vieler Karten ist ein Böschungsmaßstab aufgedruckt, hier greifen wir mit dem Stechzirkel einen der Grenzwinkel ab und prüfen am ersten Hangabschnitt, ob er steiler oder flacher ist. Bei einiger Übung können wir einen Abschnitt nach Augenmaß taxieren (wenn eine Karte 1:25000 eine 5-m-Hilfshöhenlinie enthält, ist der Hang flacher als 20%, eine 2,5-m-Linie bedeutet Neigung unter 10%) und brauchen dann nur noch Abschnitte in der Nähe der Grenzwinkel messen. Die Klassen tragen wir mit Bleistift in die Flächen ein und ziehen die Grenzlinien.

Flächen der gleichen Neigungsklasse werden in der gleichen Graustufe oder im gleichen Farbton der Regenbogenskala zusammengefaßt. Kommt es uns auf Steilhänge an, stellen wir sie in Rot dar; wollen wir dagegen die Verflachungen betonen, so beginnen wir mit dieser Klasse

Neigung %	Neigung Grad	Strahlung je nach Exposition[1] S	E	W	Erzeugungskosten für Getreide[2] 100 %	Schuttmächtigkeit auf Sandstein[3] in cm	Vorgänge	Nutzung[4]
		Ebene						
		100	100	100			Auf Löß beginnt Abspülung Fußflächen	nicht beschränkt
3,5	2				100		Im Acker leichte Abspülung, lineare beginnt	Furchen quer zum Gefälle und Fruchtfolgen mit Gras oder Klee empfohlen
		107	101	94			Auf Frostboden Solifluktion	Großmaschinen möglich
9	5 7				101	270	Solifluktionshänge	Grünland, Beweidung mögl. Grünland, nur Mähen
16	9	115	101	86	112	250		Grenze des Rübenbaus Pflügen nur nach Terrassierung
27	15	122 +1,5°	101	77 −1,5°	145	220	Kräftige Abspülung im Acker Boden kriecht toniges Material rutscht	Grenze der Mähmaschine u. des normalen Straßen- u. Hochbaus, Spezialmaschinen
40	22					180	Lawinen ab 30 cm Neuschnee Auch unter Wald Abspülung	Viehtritt → Terrassen Im Weinberg Seilwinde nötig
58	30	+2,5°				120	Steinschlag und andere Halden, ältere Prallhänge	Wald nicht für Holzproduktion, sondern als Erosionsschutz
	36						Vegetation lückig Abspülung → Skelettböden	
83	40					30	Häufig Fels freigestellt	

[1] Nach Podloucky, 1970. [2] Nach Meimberg u. a., 1962. [3] Nach Fezer, 1957, Abb. 8. [4] Nach Lorenz, 1969.

in Rot. Oft mag es genügen, nur die Altflächen oder Terrassen zu kartieren.

Je größer die Höhenunterschiede und je stärker das Relief gegliedert ist, desto wichtiger wird das *Geländeklima,* von dem wir mit Hilfe der Knochschen Modellkarten etliche Elemente bestimmen können. Die „mögliche Besonnung" hängt ganz von Exposition und Neigung eines Hanges ab. Mit wachsender geographischer Breite und wachsender Neigung unterscheidet sich die Besonnung immer stärker und muß für Frühkulturen (Gemüse, Erdbeeren) oder Herbstfrüchte (Obst, Wein, Mais) beachtet werden. Ist ein Tal dicht mit Siedlungen, Industrie und Verkehrswegen besetzt, so läßt sich nach KNOCH aus oberer Talbreite (T), Sohlenbreite (S) und Talhöhe (sh) die „Durchlüftung" (D) als Relativzahl berechnen

$$D = T^2 : [(T + S) \cdot sh].$$

Schon Hügel mit Höhen um 30 m können Steigungsregen auslösen. In Gebieten mit angespanntem Wasserhaushalt läßt sich die Bedeutung von Luv- und Leelagen und der Höhe für die Niederschlagsbildung abschätzen. Die Lufttemperaturen fallen fast linear mit der Höhe, in regenreichen oder Wintermonaten um 0,5°/100 m Anstieg, in trockenen Jahreszeiten um 0,6°, extrem bis 0,8 °C (LAUTENSACH, 1956). In Becken kommen Inversionen, Dunst, Nebel und Nachtfrost häufig vor. In der Nacht fließt an glatten Hängen die Kaltluft als eine „Haut" langsam zu Tal, an einem Feinrelief stoßweise als „Tropfen". Wird das Becken von breiten Hochplateaus überragt, so entsteht dort besonders viel Kaltluft, die empfindliche Kulturen im Becken ausschließt, während sie in Ballungsräumen als Frischluft willkommen ist. Den wenigsten Frost und die meiste Sonne genießen die mittleren Höhen der Hänge.

Großformen

Wir gliedern das Relief nach den auftretenden Höhenunterschieden in Ebenen, Hügel- und Bergländer, Mittel- und Hochgebirge (LOUIS, 1957; SPEIGHT, 1968). Besteht der Kartenausschnitt aus ebenen Niederungen und einzelnen hohen Kuppen oder Kämmen, besteht er aus einem Gebirgsblock, der tief zerschnitten, aber oben ziemlich flach ist, oder sind die Höhenunterschiede gleichmäßig verteilt? Oder treten zwei Bautypen nebeneinander auf? Laufen die Grenzen dazwischen gerade, so scheiden sie vielleicht Hebungs- und Senkungsschollen. Auf Abb. 29 erkennt man ein Einbruchsbecken, dessen tiefster Teil versumpft ist, der Rest ist von den aus dem Gebirge kommenden Bächen zugeschüttet, heute versickern sie am Gebirgsrand in den Schottern, jeweils kurz oberhalb liegen die Siedlungen. Tritt parallel zu einer Bruchlinie eine weitere Staffel auf? Ist die Bruchstufe noch steil? Wird sie von Flüssen mit Wasserfällen oder Stromschnellen gequert? Oder ist sie flach und weit ins Hinterland hinein zertalt?

Abb. 29: Geometrisch begrenztes Becken von Sari Gueuil in Thessalien. Wasserscheide im Süden schon 1 km südlich des Bruchrandes (Kippung). Die periodischen Bäche versickern in der Schotterfüllung und im Restsumpf (nach der Karte von Griechenland 1 : 200 000).

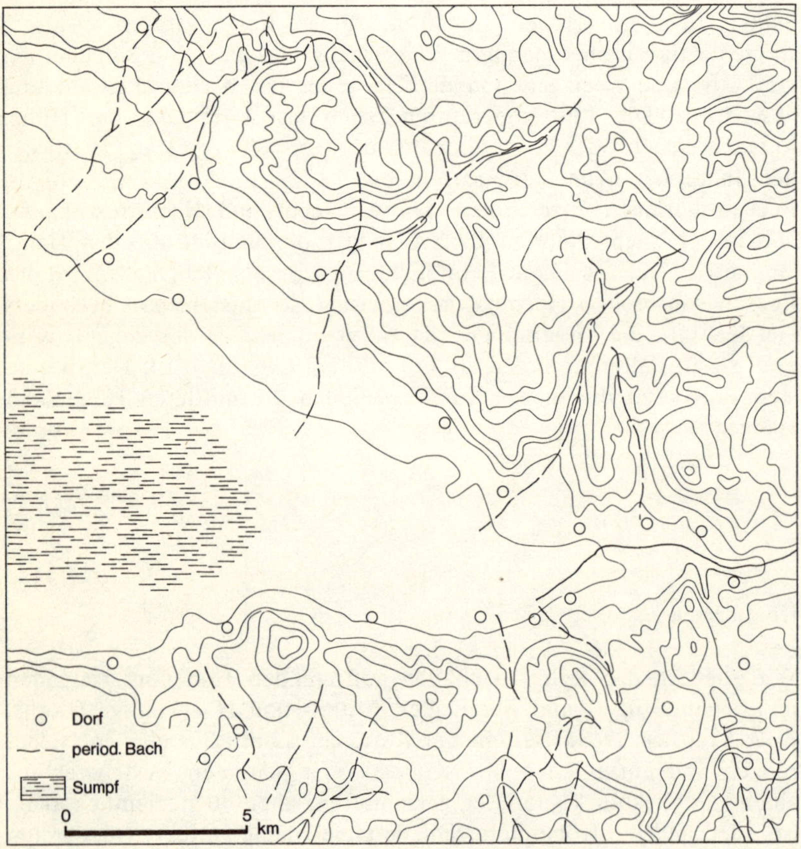

Übung zum Vertiefen

Die Karte 42/III im Diercke-Weltatlas stellt Wien mit Teilen des Wiener Waldes und Beckens dar. Beschreibe die Großformen! Wie sind die geraden Nutzungsgrenzen zu erklären?

Kuppen

Sehr große glockenförmige Erhebungen können freigelegte Granitdome oder sonstige Inselberge sein. Kleine Kuppen treten außerordentlich häufig und vielgestaltig auf. Manchmal betont das Talnetz eine regelmäßige Anordnung, dann kann ein Erstarrungsgestein (z. B. Granit) oder ein metamorphes durch Klüfte geometrisch unterteilt sein (Abb. 6). In Sedimenten sind die Klüfte selten so gleichmäßig verteilt, so daß dort Talnetz und Kuppen sowie deren Hänge unruhiger erscheinen. Wenn Rücken 2,5- bis 3,6mal länger als breit sind, von einer Hauptrichtung nur wenig abweichen und längs und quer ähnliche Abstände haben, sind es Drumlins, die ein Eiskuchen von mindestens 200 m Mächtigkeit geformt hat (Reed, Galvin, Miller, 1962).

Kegel

Falls ein Klufttalnetz als Quadratgitter eingeschnitten ist, bleiben als Restberge Kegel übrig, auch aus Sedimenttafeln können Kegel entstehen (Zeugenberge wie der Montsec auf Abb. 30), wenn die ausräumenden Bäche ein Quadrat bilden. Solche durch das Muster der Erosion bedingten Kegel sind leicht zu erkennen, sie kommen verhältnismäßig selten vor. Treten Kegel dagegen in ganzen Schwärmen auf, dürfen tätige oder erloschene Vulkane oder deren Abtragungsreste angenommen werden. Wenn noch ein Krater erhalten oder die Hänge gerillt oder Lavaströme zu erkennen sind (Abb. 26), handelt es sich um echte Vulkanformen. Ist das Relief dagegen fluvial geprägt, dann sind nur die Schlotfüllungen als Härtlingskegel stehen geblieben, der Ausbruch war schon vor dem Pliozän, der Oberbau ist inzwischen abgetragen. Ordnen sich die Kegel in einer Reihe an, so bildet diese eine tektonische Spalte ab, an der einst das Magma emporgedrungen ist. In tropischen Kalkgebieten bleiben als Restberge kleinere Kegel stehen (Radius an der Basis unter 100 m).

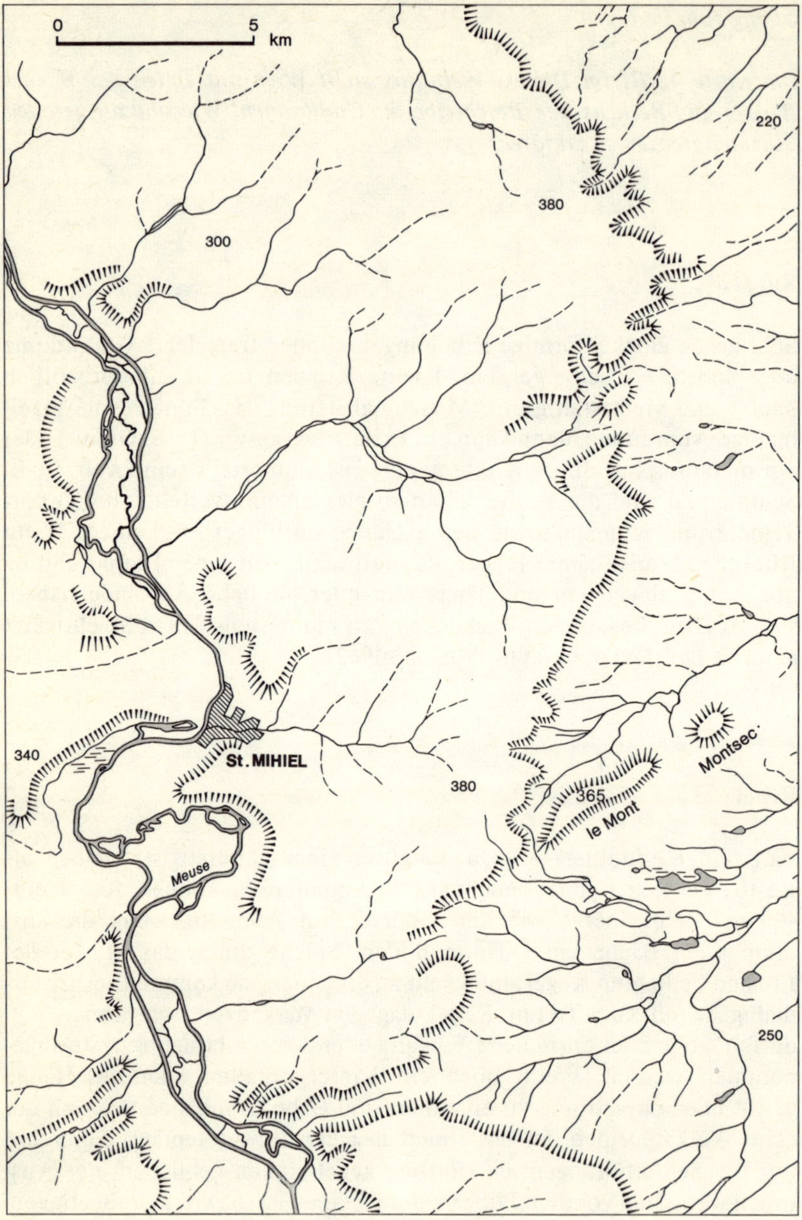
0
5
km
220
380
300
340
St. MIHIEL
380
365
le Mont
Montsec.
Meuse
250

◁ *Abb. 30: Stufe des Korallenkalks (Côte Lorraine mit den Schichten des unteren Malms, Jura) südlich von Verdun. Reliefumkehr am Montsec, subsequentes Tal der Maas mit kleinen Wiesenmäandern in großen Talmäandern; Trockentäler und Talpässe im Kalk der Stufenfläche; baumartiges bis paralleles Flußnetz auf den Mergeln des Stufenfußes (nach der Carte de France 1:100 000, Blatt 0-7 St. Mihiel).*

Plateaus mit scharfer Oberkante

Derartige Bergmassive entstehen, wenn die lineare Erosion der flächenhaften Abtragung weit vorauseilt und ein Flachrelief zerschneidet. Eine scharfe Oberkante weist darauf hin, daß sie nicht abgespült, sondern höchstens unterspült oder sonstwie unterschnitten wird. Vermutlich bildet ein durchlässiges Gestein eine *Schichtstufe.* Sie tritt auf Schraffenkarten deutlich hervor, während Höhenlinien hier durch eine dichtere Scharung die Form andeuten, die Kanten aber meistens glätten. An steileren Hängen betonen oft Felsbänder den Ausstrich einer besonders widerständigen Schicht. Die Plateau*flächen* werden vorwiegend von kon- und subsequenten Flüssen zerschnitten (Abb. 30), es kann aber auch sein, daß sich die großen Flüsse noch nicht an das Stufenrelief angepaßt haben, sondern es in allen möglichen Winkeln durchschneiden. Greifen die Flüsse durch mehrere Stufen hindurch, so erzeugen sie mit ihren Randbuchten einen girlandenförmigen Verlauf.

Die Stufenfläche fällt sanfter ein als die Schichten, auf kurze Strecken folgt sie aber auch mal einer widerständigen Bank. Ragen Rücken aus der Fläche auf, so können sie tektonisch emporgewölbt sein. Die *Stufe* wird im humiden Klima durch obsequente Tälchen, die vielfach trocken liegen, gegliedert. Sie wird um so höher und breiter, je mächtiger und durchlässiger (keine fluviatile Erosion) und je weniger geneigt die Schicht ist. In Frage kommen Kalk, Dolomit, Sandstein, Schotter, aber auch vulkanische Decken wie Basalt, Porphyr oder Ignimbrit. Wenn die Stufe – von den Randbuchten im Bereich der großen Täler ausgehend – in weiten Bögen schwingt und mehrere Stufen parallel zueinander laufen, sind die einzelnen Sedimente gleichmäßig ausgebildet und lagern ungestört, der Verlauf entspricht dem Schichtstreichen. Läuft die Stufe auffallend gerade, so blieb sie an einer Verwerfung oder Flexur stehen. Die Bergscholle kann ein Horst sein (Bruchstufe) oder ein tektonischer Graben (Bruchlinienstufe).

In allen Fällen, in denen die Stufe wenig durch Bäche aufgeschlitzt wird (Abb. 30), ist der Wasserstauer mächtig und stark geneigt, die Zertalung setzt von der Hinterseite her ein, die dadurch zur Achterstufe wird. In der geneigten Schicht läuft nämlich das Grundwasser dorthin ab.

Wenn nur an der Achterseite Quellen austreten (Abb. 7), ist der Wasserstauer mindestens um 3° geneigt. Ist umgekehrt der Trauf durch Tälchen und Quellen gegliedert, so fallen die Schichten unter 5°, meist unter 2°, der Grundwasserberg kann dann nach längeren Regen nach vorn und hinten ausfließen.

Die Zertalung der Stufe (Stufenlinie/Luftlinie, Gwinner, 1957) gibt also einen ersten Anhalt über das Schichtfallen. Genauer ermitteln wir dieses, wenn wir in stufenquerenden Tälern nach Felsbändern oder Hangkanten suchen und deren Fallen verfolgen (Höhenunterschied von zwei Punkten/Entfernung). Wenn die Stufe völlig regellos verläuft und die Hangkanten in allen Richtungen parallel zu den Höhenlinien ziehen, liegen die Schichten in Form einer waagerechten Tafel. Schichtstufen kommen im Bereich von 2° bis 15° Schichtneigung vor, Schichtkämme im Bereich steiler als 6°, meist über 15°.

Fallen die Schichten im ganzen Kartenausschnitt mit einheitlicher Neigung oder lassen sich Aufwölbungen, Mulden und Gräben erkennen? Hinweise darauf gibt uns der Verlauf der Stufe. Vorsprünge, Auslieger und Zeugenberge (Montsec auf Abb. 30) liegen in Mulden oder Gräben, wo die widerständige Schicht länger vor der Abtragung geschützt war. Häufen sich Zeugenberge in regelloser Verteilung und ist die Stufe zerfleddert, so läuft die Schicht nicht gleichartig durch, vielmehr liegen durchlässige und undurchlässige Fazien, dünne und mächtige Bänke nebeneinander. In einstigen Rinnen kann Sand eingelagert sein, der Sandstein bildet später Auslieger und Zeugenberge, die ehemaligen Mergelrücken sind heute ausgeräumt.

Zertalung, Hangform (oft ist der Hang getreppt) und Bewaldung ergeben für jede Schichtstufe ein charakteristisches Muster. Wenn es ausnahmsweise zweimal hintereinander auftritt (Schweizer Tafeljura), dann an einer stufenparallelen Verwerfung. Werden alle Landterrassen nach einer Richtung breiter, so fallen dort die Schichten flacher ein, wird dagegen nur eine einzige breiter, so wächst die Mächtigkeit dieses Stufenbildners. Im letzten Fall muß die Stufe auch besonders hoch sein.

Der flache Unterhang wird meist von einem Mergel gebildet, der auch noch ein Stück weit am Steilhang hinaufreichen kann. Wenn der Oberhang mit scharfem Knick endet, nennt ihn Schunke (1968) einen „Traufhang". Abb. 31a stellt einen solchen im Profil und im Höhenlinienbild dar. Die obere, durchlässige Schicht ist ziemlich mächtig, häufig besteht sie aus Kalk, gelegentlich aus Sandstein. Ist die Kante zu einem „Walm" abgeflacht (Abb. 31b), dann ist vielleicht die durchlässige Schicht dünn; im Niedersächsischen Bergland bestehen die Walmhänge aus Wealden-

Abb. 31: Scharung der Höhenlinien und zugehörige Profile verschiedener Hangformen an Schichtstufen (nach Schnitten von Schunke*).* ▷

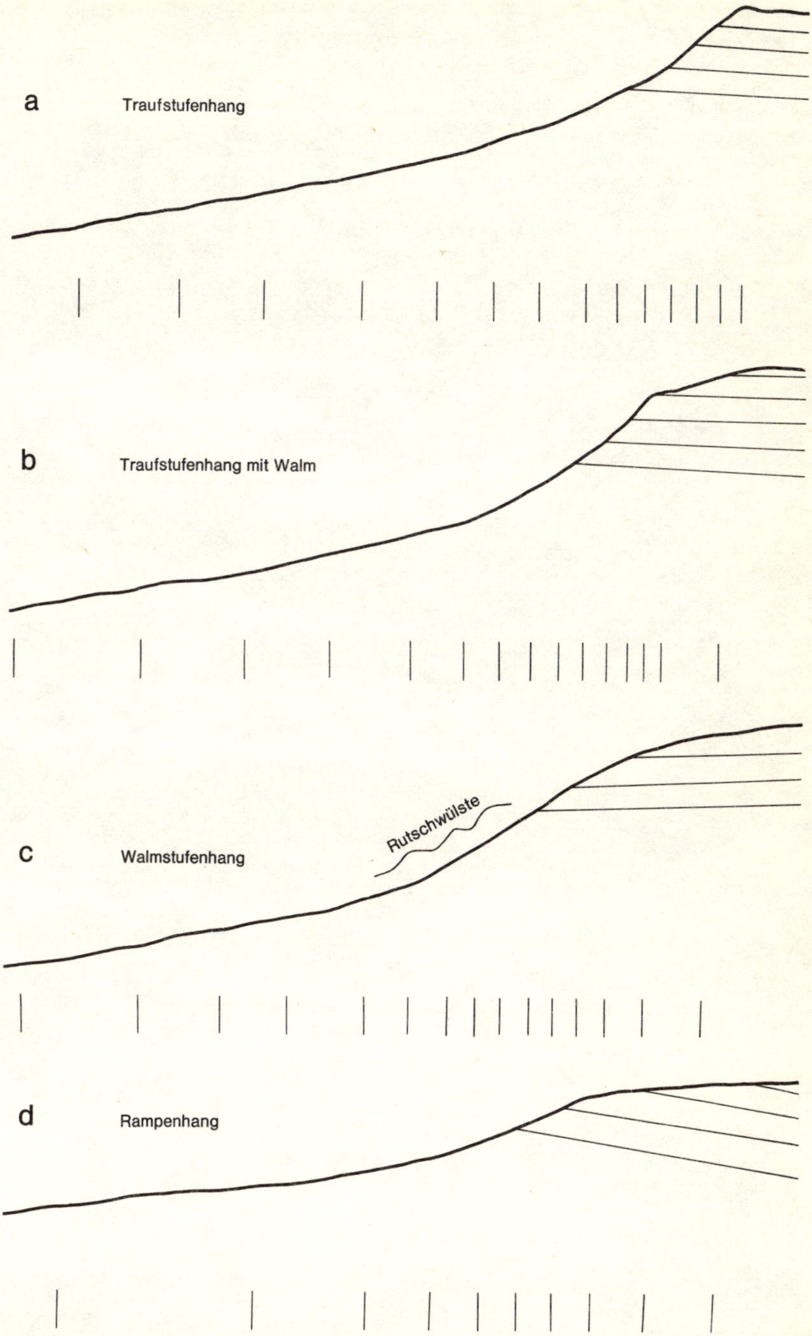
a
Traufstufenhang
b
Traufstufenhang mit Walm
Rutschwülste
c
Walmstufenhang
d
Rampenhang

Irhris n Tafilalt
924
877
Tirhlafne
840
Ademd
Tamgounsi
802
Tamaguert
Oued
846
D' Jouggine
Tamaguert
859
Zaouia
Igoudar

◁ *Abb. 32: Faltenmulden und -sättel im Hohen Atlas. Die scharfen Kämme sind aus Kalken aufgebaut, ihr steiles Einfallen ist im Quertal zu erkennen. Die fein ziselierten Hänge werden von Mergeln gebildet (nach der Karte von Marokko 1:50 000, Blatt Ait-Ourir, aus dem Atlas des Formes de Relief).*

sandstein oder Trochitenkalk (SCHUNKE). In der mittleren Höhe schwingen manchmal die Höhenlinien girlandenartig, aber nicht genau parallel, hin und her, hier sind die Mergel gequollen und ins Rutschen gekommen.

Durchquert ein größerer Fluß die Stufe, so schüttet er am Fuß der Steilstrecke Sedimente auf, die Täler sind breit und leicht zu überschreiten. Die Nebentäler sind im Idealfall baumförmig, aber meist wenig regelmäßig (Abb. 30). Zwischen den Tälern bleiben nur flache Riedel stehen.

Übung zum Vertiefen

Die Karte 3/3 des Diercke-Weltatlas stellt die Schwäbische Alb bei Reutlingen dar. Schneide NW-SO! Wie verläuft die Malmstufe einschließlich Ausliegern und Zeugenbergen? Netz der Bäche und Trockentäler, Flußdichte und Gestein.

Kämme

Daß sich die Richtungen von Kämmen völlig regellos über einen Kartenausschnitt verteilen, ist äußerst selten, weil die Erosion des Flußnetzes nur in einem strukturlosen Gestein solche Restkämme übrigläßt, z. B. in einem Granit-Hochgebirge (Pelvoux-Massiv). Viel häufiger treten die Kämme als parallele Scharen auf und markieren geneigt ausstreichende, widerständige Schichten, z. B. Quarzite zwischen Schiefern, Sandsteine oder Kalke zwischen Mergeln (Abb. 32), gelegentlich auch einmal einen Quarzgang, der sich in einer alten Spalte entwickelt hat. Die Schichten fallen mit mindestens 6° Neigung ein; wenn beide Hänge gleich steil sind, sogar mit über 15° (SCHUNKE und SPÖNEMANN, 1972). Wir suchen nun nach einem Quertal, um die Neigung eines Felsbandes (Abb. 33) oder einer Hangkante (Abb. 34) auszumessen. Ist diese in allen Kämmen gleich, oder lassen sich Faltenmulden und -sättel erkennen? Laufen zwei Kämme wie ein Schiffsbug zusammen (Abb. 35) oder zickzackförmig, so liegen die Achsen der Falten nicht waagerecht. Sind die Kämme auf der Außenseite steil, die Innenseite aber ist flach und von einem gleichmäßig verteilten, dichten Flußnetz entwässert, so bildet

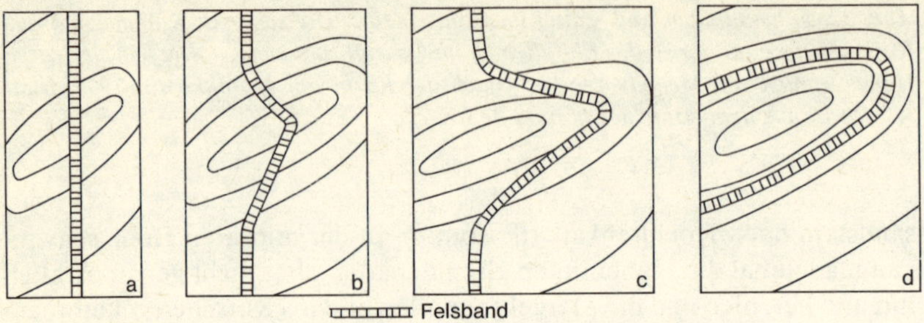

△

Abb. 33: Eine widerständige Schicht streicht an einem Bergrücken aus. Bestimmung des Fallens: a) senkrecht (saiger), b) steil, c) schräg, d) waagerecht (Tafel).

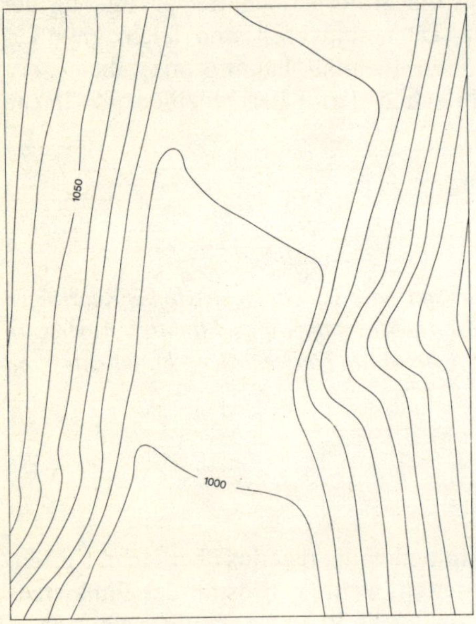

Abb. 34: Sohlental mit steilen Hängen, über die eine Kante schräg herunterzieht. Hier streicht eine widerständige Schicht aus, die sehr steil einfällt.

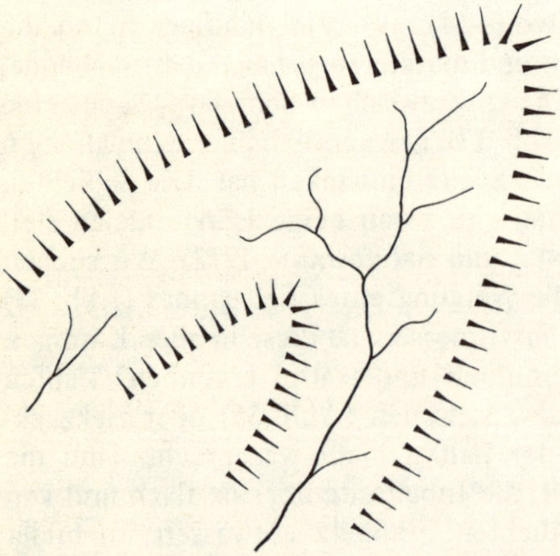

Abb. 35: Schichtkämme laufen wie ein Schiffsbug zusammen. Die Gesteine sind nicht nur gefaltet, die Faltenachse liegt außerdem noch schräg. Auf der Fläche der Mergel entwickelt sich ein Längsflußnetz.

ein widerständiges Gestein eine Mulde, in deren Innern sich ein undurchlässiges Gestein erhalten hat.

Laufen die Kämme kreis- oder halbkreisförmig, so ist ein „Dom" aufgewölbt. Wenn im Innern das Muster aussetzt, so mag dort der kristalline Kern entblößt sein, oft stehen solche Granit-Plutone auch völlig frei in einer Ebene. Rundkämme mit Radien um 1–3 km, wassergefüllten Dolinen oder Solquellen deuten auf einen Salzdom. Wo sich Schichtkämme vereinigen, aber auch anderwärts, sind sie oben abgeflacht, denn oft hat zunächst eine Abtragungsfläche durchlässige und undurchlässige Schichten gekappt, und erst beim Einschneiden der Täler sind die Flüsse auf den undurchlässigen bevorzugt ernährt worden. In stark zerschnittenen Kämmen bleibt von der flachen Platte nichts mehr übrig, vielleicht aber lassen sich die Gipfel noch zu einer ebenen, schiefen oder getreppten Fläche anordnen („Gipfelflur").

Wo sich mehrere Kämme vereinigen, erheben sich normalerweise die höchsten Gipfel. Abweichungen davon werden die Aufmerksamkeit auf besonders hartes Gestein oder ähnliches lenken.

Flächen

Manche Gebiete erscheinen auf Karten sehr hell, weil sie kaum von Höhenlinien oder Schraffen durchzogen werden, also sehr flach sind. Da der Mensch sie für gewöhnlich ganz unter den Pflug genommen hat, wird ein Gegensatz zu teilweise bewaldeten und daher dunkel erscheinenden Bergländern optisch noch verstärkt. Leicht gewellte Hügelländer sind vielleicht aus wenig widerständigen Gesteinen aufgebaut, z.B. lockeren Sanden, Tonen und manchen Schiefern. Werden auch widerständige Schichten von einer Abtragungsfläche gekappt, so ist diese in einem semiariden-semihumiden Klima gebildet worden.

Tropische Rumpfflächen sind sanft gewellt und werden von einzelnen, felsigen Inselbergen überragt, die im Beispiel Serankada (Abb. 47) aus paläozoischem Gneis bestehen. Ist die Fläche stärker geneigt (2–10°) und breitet sich vor einem Gebirge aus, nennen wir sie „Glacis" (Abb. 27), noch steilere Fußflächen (10–20°) heißen „Pediment". In den Mittelbreiten konnten sich solche Altflächen erhalten, wenn sie weit weg von einer Erosionsbasis liegen. Alle Flächen unter 2° Neigung sind von der kaltzeitlichen Solifluktion nicht abgetragen worden und müssen daher sehr alt sein, was mit Einschränkungen auch für Flächen unter 5° gilt. Teilt man den Flächeninhalt der Ebenheiten unter 5° Neigung durch den der Täler, so erhält man den „Zerschneidungsgrad".

Kleinere Verflachungen konnten auch durch periglaziale Kryoplanation, Seitenerosion von Flüssen oder Abrasion des Meeres entstehen.

Völlig ebene Flächen sind von Flüssen aufgeschüttet worden, oft sind hier einmal Seen gewesen. Ist dieses Gebiet tektonisch versenkt worden (Abb. 29) oder hat sich das Rückland der Flüsse gehoben, so daß diese ihr Sediment im Gebirgsvorland abladen, staut ein stromab gelegener Horst oder ein ansteigender Meeresspiegel den Fluß? Oder hat ein Gletscher einst den Fluß zu einem See aufgestaut (Abb. 60)? Lassen sich auf einer Aufschüttungsebene vielleicht die Schwemmkegel der einzelnen Flüsse auseinanderhalten?

Abb. 36: Windrelief in der Namibwüste in Südwestafrika (nach Kayser *1926, aus* Louis *1972).*

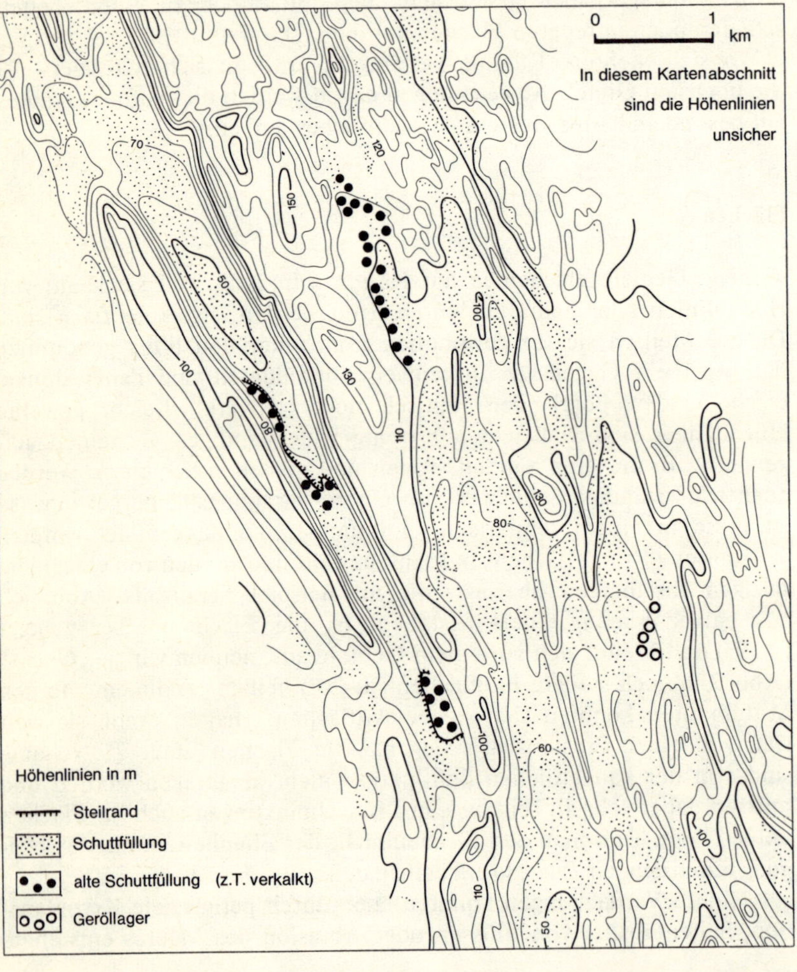

Feinrelief

Was auf den üblichen topographischen Karten als Ebene oder Glatthang erscheint, ist in Wirklichkeit durch eine feine Plastik ziseliert. Auf steilen Hängen dürfen wir also parallele Hangrunsen, auf flachen baumförmige Rinnensysteme annehmen, auch wenn die Karte sie aus Maßstabsgründen nicht verzeichnet. Gibt sie dagegen auf der Nordseite des Bergs ein unruhiges Relief an, auf der Südseite eine schiefe Ebene, so prüfen wir, ob diese 30–33° geneigt ist. Glatthänge entstehen durch Frostverwitterung, der Schutt wird durch Schwerkraft verlagert.

Neben den durch Fließvorgänge geprägten Typen finden wir gelegentlich auch ein unruhiges Gewirr von Voll- und Hohlformen. Das Höhenlinienbild ist schwer zu lesen, der braune Pfeil, der in die Wannen hineinzeigt, ist erst bei genauem Hinschauen sichtbar. Bevor wir über ihre Entstehung Hypothesen aufstellen, wollen wir prüfen, ob die Hohlformen vielleicht alte Lehm-, Mergel- oder Erzgruben und die Hügel vom Menschen aufgeschüttete Halden sind.

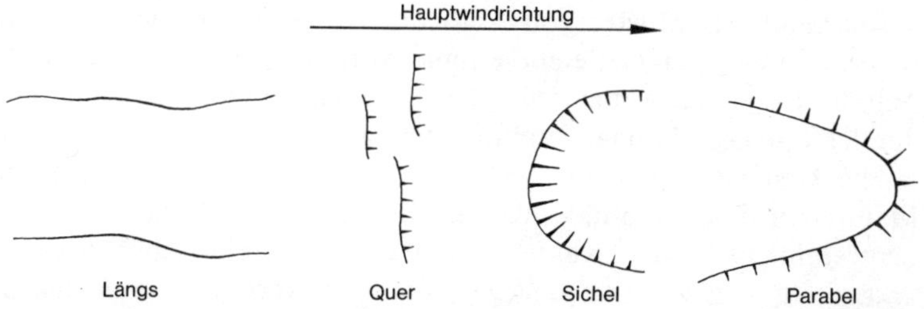

Abb. 37: Dünenformen und Windrichtung.

Wenn sich die Hügel nach einer Regel anordnen, kann das Relief vom Wind geformt sein. Sandkörner geraten zwar schon bei Winden mit 4 m/sec Geschwindigkeit in Bewegung, aber erst Winde über Stärke 5 (= 10 m/sec) können in Wüsten Wannen ausblasen. Die meisten Sandkörner haben Durchmesser von 0,06–0,6 mm, sie lagern sich leewärts wieder ab, oft in Form von Dünen, deren wichtigste Typen auf Abb. 37 gezeichnet sind. Am besten auf Karten zu erkennen sind die „Seif" oder Längsdünen, weil sie 500–6000 m lang und 20–400 m hoch sind. Sie liegen 400–5000 m weit auseinander; je weiter, desto klarer sind die Formen. Sie entstehen im Wüstenklima mit besonders starken Winden, die oft jahreszeitlich um 180° drehen. Die anderen Typen sind kleiner, maximal 500 m lang, 100 m hoch und 600 m weit auseinander. Das asymmetrische Querprofil läßt sich kaum auf Karten erkennen, die Luvseite steigt mit 7–17° an, die Leeseite fällt mit 30–32° ab. Je höher die Kämme sind, um so langsamer wandern die Dünen in der

Abb. 38: Küstendünen auf der Kurischen Nehrung. Die Asymmetrie zeigt die Bewegungsrichtung an (nach der Topogr. Karte 1:25 000, Nr. 0791/92 Pilkoppen). ▷

Waagerechten (HASTENRATH, 1967). Kleine Seen oder Sümpfe in den Dünenmulden zeigen den Grundwasserstand an. Im Abstand von höchstens einigen km von der Luvseite sind breite, ergiebige Sandfelder zu suchen (PRECHTL, 1965). Den Querdünen sieht man es meistens noch an, daß sie aus bogenförmigen Typen zusammengewachsen sind. Je weiter die Enden der „Sicheldünen" oder „Barchane" voneinander entfernt sind, desto höher ist der Kamm ($^1/_{10}$ der Sichelweite, nach HASTENRATH, 1967). Schwänze nach Art von Längsdünen weichen 18° von der Windrichtung ab. Stehen die Dünen einsam, ist auch die Sandquelle lokal begrenzt. Während bei den Barchanen der Wüste die niederen Flanken vorauseilen, sind diese bei den kleineren „Parabeldünen" durch Vegetation gebremst, nur die Mitte wandert noch; die fossilen Dünen Mitteleuropas liegen meistens östlich von ehemaligen Sandern oder schotterüberlasteten Flußbetten.

Erscheint das Muster von Voll- und Hohlformen mehr zufällig, so war diese Gegend vielleicht einmal von (Inland-)Eis bedeckt. Wenn sich die Hügel nur weniger als 30 m erheben, können es Grundmoränen der letzten Eiszeit oder Endmoränen älterer Vereisungen sein. Zahlreiche kleine Kuppen und Wannen, die allerdings nur auf Karten mit Maßstäben über 1:50 000 darzustellen sind, kennzeichnen Eisrand-Schwemmkegel oder Kames der letzten Eiszeit (Abb. 39, s. auch AARTOLAHTI, 1971). Sind dagegen alle Seen vermoort, dann hat dieses Eis die Gegend nicht mehr erreicht, die Altmoränen wurden vielmehr in der letzten Eiszeit durch Solifluktion verflacht, so daß sich aus den Hangneigungen schon das Alter abschätzen läßt.

Mittlere Hangneigung, abgegriffen auf Top. Karten 1:25 000 in Norddeutschland (LÜTTIG, 1968)

Alter (in 1000 Jahren)	Eiszeit	Mittlere Neigung auf Einzelblatt von . . . bis %	Mittlere Neigung in Norddeutschland %	°
10	Weichsel	2–5	4,01	2° 20′
170	Warthe	1,9–4,5	3,27	1° 50′
220	Drenthe	1,8–3,9	2,97	1° 40′

Strecken sich die Hügel in die Länge und ordnen sich jeweils in ähnlicher Größe in die Fließrichtung des (über 200 m mächtigen) einstigen Eises ein, so sind es Drumlins, besonders lange Rücken mitten in Talungen

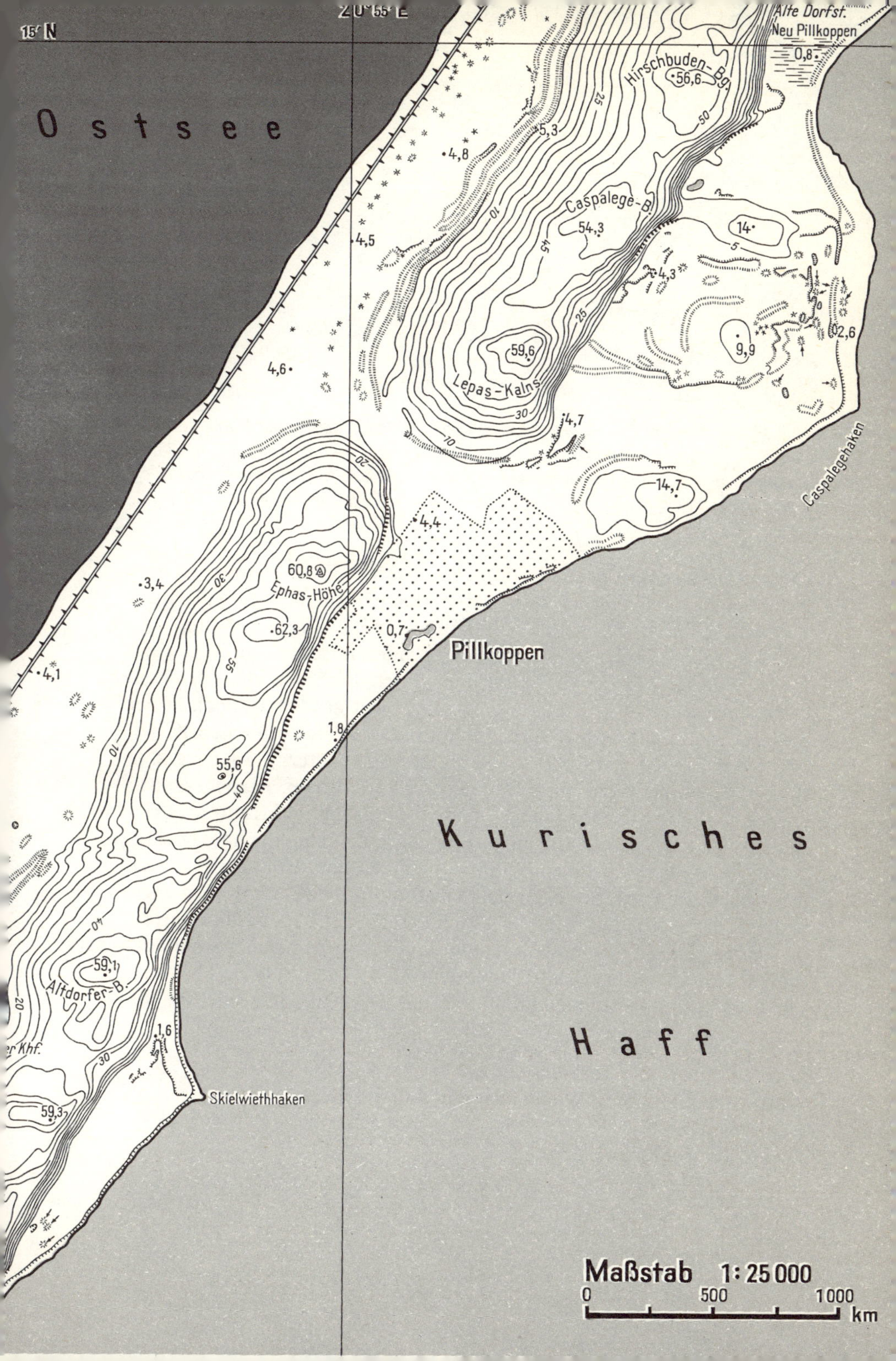

20°55' E
15' N
Alte Dorfst.
Neu Pillkoppen
0,8
Ostsee
Hirschbuden-Bg.
56,6
5,3
4,8
Caspalege-B.
54,3
14
4,5
4,3
59,6
Lepas-Kalns
9,9
2,6
4,6
4,7
14,7
Caspalegehaken
4,4
60,8
Ephas-Höhe
3,4
62,3
0,7
Pillkoppen
4,1
1,8
55,6
Kurisches
Haff
59,1
Altdorfer-B.
1,6
er Khf.
Skielwiethhaken
59,3
Maßstab 1: 25 000
0
500
1000
km

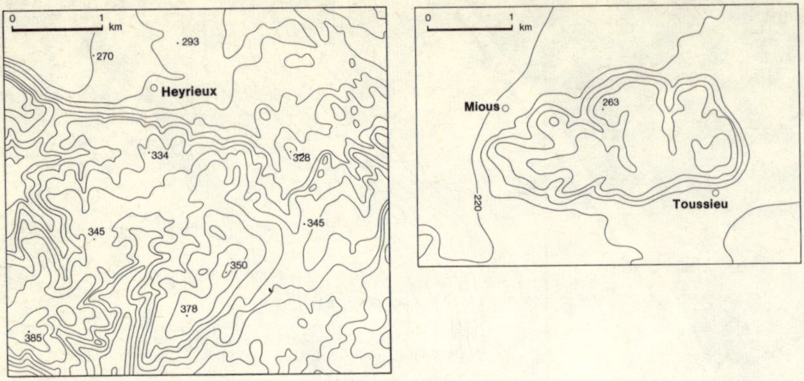

Abb. 39: Die Jungmoräne (links) setzt sich aus Wällen, Kuppen und Rinnen zusammen. Die Altmoräne (rechts) aus der Rißeiszeit ist in der Würmzeit durch Solifluktion verebnet, von Flüssen seitlich angenagt und von Rinnen zerfurcht worden; südöstlich von Lyon (nach Carte de France 1 : 50 000, Blätter 32-31 Bourgoin und 30-32 Givors).

können Oser sein. Liegen sie dagegen quer zur Fließrichtung, sind es Endmoränen. Tritt ein Gewirr von Formen nur lokal am Fuß eines steilen Berges auf, so können es die Trümmer eines *Bergsturzes* sein.

Fehlen oberirdische Wasserläufe oder sind sie selten, so mögen die Wannen durch Lösung von *Kalk* oder durch Einbruch eines Höhlendachs entstanden, also Dolinen o. ä., sein. Liegt das Schluckloch in der Mitte oder auf der Seite? Wird die Wanne (z. B. im tropischen Kegelkarst) von Rinnen zerfurcht, so gilt sie als um so älter, je länger und je stärker verzweigt diese sind (WILLIAMS, 1971). Breite, flache Wannen entstehen durch gleichmäßige, allmähliche Lösung, die Klüfte des Gesteins oder seine Schichtfugen folgen eng aufeinander. Enge Trichter haben sich über einzelnen Klüften gebildet, die Hohlräume liegen nicht tiefer als 100 m. Strecken sich Karsthohlformen stark in die Länge, so liegt ihre Achse auf Klüften, Brüchen oder Falten oder das Gestein ist schräg gestellt, es enthält kaum unlösliche Mineralien, und das Wasser tritt in geringer Entfernung von hier wieder zutage (LAVALLE, 1967). In Karstgebieten empfiehlt WILLIAMS (1966), folgende Proportionen zu bestimmen:

Dichte der abflußlosen Wannen (Zahl je km^3)
Anteil der abflußlosen Wannen an der Kalkoberfläche
Quelldichte
Dichte der Bachschwinden

Auf ein- und demselben Kalkstein können ganz verschiedene Böden entwickelt sein. Auf den ebenen, oft bewaldeten Altflächen liegt ein zäher Feuersteinlehm, die Dolinen sind mit besserem Material zugeschwemmt, die Rendsinen auf den Steilhängen sind zwar wenig mächtig, aber wuchskräftig.

Felsige Trichter in Kegelbergen oder Hochflächen können *Vulkan-* oder *Meteorkrater* sein. Nur junge Formen sind allseits geschlossen, ältere auf der Seite angeschnitten, von dort führen Täler an den Bergflanken hinab. Schwingen in Talmitte die Höhenlinien bogenförmig vor, dürfte dieser Wulst ein erstarrter Lavastrom sein. Ist der Kegel asymmetrisch, sind vielleicht in Lee der vorherrschenden Winde die Aschen abgelagert worden.

Steinbrüche, Felsfreistellungen u. a. Gesteinshinweise

Kleinere Steinbrüche oder Kiesgruben gab es früher fast bei jedem Dorf, in ihnen wurde nur bei Bedarf gearbeitet. Die modernen Großabbaue beschränken sich auf druck- und verwitterungsresistente „Hartgesteine“. Sind z. B. in einem Schichttafelland im einen Horizont nur kleine, alte Brüche, so könnte dort ein Sandstein anstehen, während ein höherer oder tieferer Horizont mit einzelnen Großbetrieben aus Kalk besteht. Sind die Steinbrüche an Hangvorsprüngen angelegt, dann deshalb, weil dort das Gestein schuttfrei, sichtbar und leicht abzubauen ist, vielleicht aber auch, weil dort besonders widerständige Gänge (z. B. Porphyr) oder Schichten (z. B. steilstehende Quarzite) anstehen.

Beschränken sich die Steinbrüche auf Kegelberge, so werden dort die Stiele ehemaliger Vulkane (Basalt, Phonolit) abgebaut. Langgestreckte Gruben deuten hochwertige Gesteins- oder Erzgänge an.

Wenn am Hang Felsen freigelegt sind, dann muß er steiler als 40° sein, oder es steht lokal ein besonders widerständiges Gestein an (z. B. Massenkalk in Bankkalken, Basalt in Tuff, verkieselter Sandstein). Der Schutt ist in den Kaltzeiten schneller abgeflossen, als neuer nachwittern konnte. Sind unter den Felsen Schutthalden zu erkennen? Blockansammlungen, die nicht von anstehenden Klippen überragt werden („Blockmeere“ und „Blockströme“) deuten auf grob geklüftetes und grob verwitterndes Gestein (Massenkalke, verkieselte Sandsteine). Ziegeleien, Ziegelhütten, Lehmgruben, Hohlwege, Dellen, „Leimbäche“ und ähnliches weisen auf lehmiges Material hin, meist Löß, manchmal auch Geschiebemergel und Verwitterungslehm. Bergnamen beziehen sich oft aufs Gestein, ein „Schrofen“ besteht aus Kalk oder Dolomit, ein „Château rouge“ kann auf Buntsandstein stehen. Der Rote Main kommt aus dem bunten Keupermergel und ist zeitweise wirklich rot.

Verkehr

Je kleiner der Maßstab einer Karte ist, um so stärker ist die Breite der Verkehrswege übertrieben; sie fallen daher auch auf kleinmaßstäbigen Karten auf und lassen sich leicht lesen. Wir können den Ausschnitt in Räume mit einem engen und weiten Verkehrsnetz gliedern und die Befunde durch Straßen- und Eisenbahndichte auch quantitativ fassen. In der Bundesrepublik kommen im Durchschnitt 150 m Eisenbahnlinien auf 1 km^2. Am wirtschaftlichsten ist eine Fläche erschlossen, wenn von einem zentralen Ort sechs Linien in gegenseitigen Winkeln von 60° ausgehen. Wenn sich die Dichte auf zehn Linien und 36° steigert, so handelt es sich um die Kernstadt eines Ballungsraumes (z. B. Zürich, nach CHRISTALLER, 1952).

Obwohl sich heutzutage Sümpfe, Flüsse, Meeresarme und Gebirge über- und unterqueren lassen, lohnt dieser technische Aufwand doch nur auf wenigen Durchgangsstrecken. Bei verkehrsfernen Räumen ist nach der physischen oder historischen Begründung zu fahnden (viele weitere Fragestellungen und Angaben finden sich kurz zusammengefaßt bei FOCHLER-HAUKE, 1972), evt. eine Isochronen-Karte zu zeichnen (je nach Entfernung zur nächsten Allwetterstraße oder ähnlichem).

Ist ein Knotenpunkt durch das Gelände (z. B. günstiger Flußübergang, Talmündung) oder durch eine Konzentration der Bevölkerung oder wechselseitig bedingt (Abb. 52)? Die Beresina wäre z. B. überall gleich schwierig zu überschreiten, die Brücke von Bobruisk ist daher im Zusammenhang eines längeren Fernwegs zu sehen, und erst nach ihrer Errichtung wurde hier der Nahverkehr gebündelt.

Der Verlauf der Verkehrswege lenkt unseren Blick nochmals zurück auf das Relief. Ein geradliniges Netz läßt auf ebenen, gut gangbaren Untergrund schließen; das quadratische Wegesystem norddeutscher Forsten deckt sich häufig mit Bereichen eiszeitlicher Sander. Sind Umwege durch Hindernisse, Steigungen oder Zwischenpunkte bedingt, oder kommen nur historisch-rechtliche Gründe in Frage? Serpentinen und Tunnels weisen auf starke Steigungen hin (Abb. 55, von Palmadulla gehen „Teestraßen“ aus). Leichte Krümmungen deuten ein Flachhügelrelief an, das von den Höhenlinien nicht mehr erfaßt wird (Abb. 47). Auch in Aufschüttungsebenen laufen manche Verkehrswege gekrümmt, sie folgen Uferwällen oder Dünenzügen oder umgehen besonders sumpfige Niederungen.

Ist der Maßstab kleiner als 1:100000, sind die Straßenbiegungen durch die Verkleinerung nicht mehr zu erkennen. Im Bergland spricht eine netzartige Verteilung für eine Aufschließung in mehreren Richtungen, die z.B. in Hessen durch Grabenbrüche begünstigt wurde. Sind die Wege dagegen auf wenige Täler konzentriert, so ist im übrigen Raum das Relief schwierig oder (und?) die Bevölkerung siedelt dünn und entwickelt nur eine geringe Verkehrsspannung.

Wird ein Fluß in dichter Folge überbrückt? Führen dagegen nur Fähren oder Furten hinüber, so gibt es entweder nicht viel zu befördern oder Hochwässer, Flößerei oder Schiffahrt haben einen Brückenschlag erschwert. Ist die Brücke weiter geöffnet, als das Niedrigwasser breit ist, oder werden getrennte Hochflutrinnen überspannt, so schwankt die Wasserführung besonders stark.

Im Gebirge hängt der Wert eines Wegs vielfach davon ab, welche Steigungen, Kurvenradien und Breiten gewählt wurden und ob er winterfest ist; in den Alpen werden z.B. Paßstraßen nur bis zu einer Meereshöhe von 1500 m freigehalten. Führt ein gut ausgebauter Weg über den niedersten Paß, steigt er auf der flachsten Rampe an oder vermeidet er einen mehrfachen Anstieg? Strecken mit langen, tiefgelegenen „Basistunneln" folgen meist der kürzesten Route. Halboffene Wandtunnels (z.B. am Vierwaldstättersee) zeigen eine Hangneigung über 45° oder häufig niedergehende Schnee- oder Steinlawinen an. Hat der technische Ausbau einer Paßstraße eine andere veröden lassen, weil diese für Maultiere, die Steigungen bis zu 36% überwinden können, angelegt war (FOCHLER-HAUKE)? Ersteigen Bahn, Straße oder Zickzackweg einen Gipfel, so dienen sie dem Freizeitverkehr.

Welche außerhalb gelegenen Verdichtungsräume verbindet ein gut ausgebauter Verkehrsweg in einem sonst wenig erschlossenen Gebiet? Erinnern Namen wie Stetten, Kaltenherberg, Wegscheid, Mauthausen, Zollhaus oder Bidon 5 daran, daß sich ein Ort aus einem Rastplatz entwickelt hat? Sind nur örtliche Verkehrswege vorhanden, so sind die Menschen dieses Raumes mehr oder weniger zur Selbstgenügsamkeit gezwungen.

Auf den ersten Blick enthalten die Karten aus dem Bereich des Altsiedellandes eine verwirrende Vielfalt von Straßen und Wegen. Bei einiger Erfahrung können wir aber erschließen, wie einzelne Strecken geplant oder getrampelt, ausgebaut oder aufgegeben wurden und wie sich verschiedene Netze überlagern.

Straßen

Getreu ihrer ältesten Aufgabe, dem Pilger den Weg zu weisen, gliedern auch die heutigen topographischen Karten das Straßennetz sehr intensiv und geben die Klassen auf der Legende an. Trägt eine Straße eine Nummer, so handelt es sich um einen Fernverkehrsweg, er ist um so wichtiger, je kleiner die Zahl ist, z. B. führen die französischen „Routes nationales“ 1–7 direkt nach Paris, 18–24 münden spitz in die vorigen ein.

Wegen ihrer Breite und ihrer Kreuzungsbauwerke fallen uns als erstes die modernen Schnellstraßen auf. Sind sie rein technisch geführt (Geraden, Einschnitte, Dämme) oder nach architektonischen Regeln dem Gelände eingefügt? Ihre Krümmungen sind ebenso weit wie die der Eisenbahnen, einige Strecken laufen auch wirklich auf den Dämmen stillgelegter Bahnen, was am Anschluß der Dämme an noch betriebene Linien zu erkennen ist. Mit dem älteren Straßennetz sind sie absichtlich nur an wenigen Ausfahrten verbunden, von den Siedlungen noch nicht umwachsen (Abb. 40). Denkt man sich diese Straßen weg oder betrachtet eine ältere Ausgabe der Karte, so findet man das Netz des 19. Jh.; damals hat man sich an engen Krümmungen und Kreuzungen nicht gestört. Dem älteren Hauptnetz ordnen sich die kleineren Straßen unter.

Die Feldwege strahlten früher stets vom Dorfkern aus; ein rechtwinkliges Netz bedeutet eine bereinigte Flur mit geometrischen Parzellen. Manche Feldwege und kleinere Straßen halten ihre Richtung über große Entfernungen ein, wenn sie auch heute nicht mehr zusammenhängend befahren und die Teilstücke verschieden klassifiziert sind. Sie laufen selten in den Tälern, allenfalls an den Talrändern, meistens auf Höhenrücken, wo sie auch bei feuchter Witterung noch am ehesten zu benutzen waren. Oft machen erst Namen wie Königs-, Diet- oder Hellweg, Reichs-, Berg-, Wein-, Hohe- (Abb. 40) oder Heerstraße (engl. herepath oder hard way) auf solche *Altwege* aufmerksam (s. JÄGER, 1969, S. 69, und LANDAU, 1958). Namen wie Grüner-, Grasiger- oder Eselsweg deuten an, daß die mittelalterlichen Wasserscheidenwege im 17./18. Jahrhundert bereits verödet waren. Weil auf vielen Altwegen Salz befördert wurde, heißen manche Salzkärcherweg, Sälzer- oder Scheibenstraße. Diese Wege waren weder vermessen noch befestigt, so daß sie in lockeren Gesteinen wie Löß oder Mergel, vor allem aber im Hangschutt stark ausgefahren und ausgewaschen wurden. War ein Hohlweg zu tief geworden, wich man auf parallele Wege aus oder kürzte Ecken ab. Im Wettbewerb dieser Wege haben sich solche durchgesetzt, die z.B. Bergzüge mit kurzen und doch nicht allzu steilen Anstiegen überwinden. Erst die verbesserte Meß- und Rechentechnik unseres Jahrhunderts hat zu ähnlich eleganten Lösungen geführt.

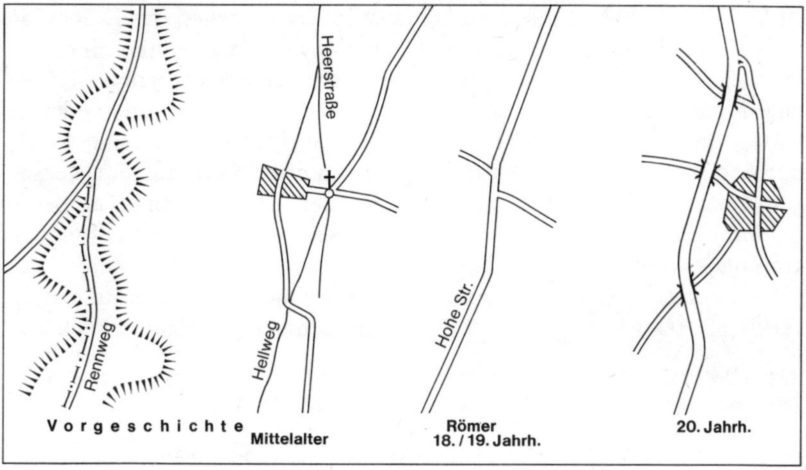

Abb. 40: Straßenführung in verschiedenen Epochen.

Es gibt Straßen, die seit Urzeiten auf der gleichen Trasse laufen; auch bei ihnen kann die Karte etwas über das Alter aussagen. In die alte Straße Halifax-Wakefield münden auf 6 km Länge 9 Nebenstraßen ein, nur 3 kreuzen. Die 1832 angelegte Straße Halifax-Leeds durchschneidet dagegen 8 ältere, nur 2 Nebenwege münden T-förmig ein (Dickinson, 1969).

Die ganz alten Wasserscheidenwege sind in Hügelländern noch in Gebrauch, auf den Mittelgebirgen („Rennsteig") dienen sie stellenweise der Holzabfuhr oder sind als Markungsgrenzen erhalten geblieben (Abb. 40). Auf der „Franzosenstraße" bei Melsungen zog 1813 das letzte Heer. Treffen sich mehrere Altwege an einem Punkt, so kann dort eine Siedlung gelegen haben; auf dem freistehenden Hügel nördlich Salisbury stand z. B. die britisch-römische Stadt Sorbidunum (Dury, 1967). An anderen Wegspinnen deuten alte Linden, Namen wie „Stahlbühl" oder „Galgenberg" auf ehemalige Gerichts- oder Thingstätten. Biegt eine Straße aus der geraden Richtung in eine Stadt hinein ab, so erweist diese sich als jünger; mündet sie nach einiger Entfernung wieder in die alte Führung ein, so hat vielleicht der Stadtgründer oder ein späterer Grundherr die alte Straße ein Stück weit zerstört, um seiner Stadt genügend Verkehr zu verschaffen. Warum hat er sie nicht an der Straße selbst gegründet? War ein anderer Platz leichter zu befestigen? In wechselfeuchten Klimaten dienen gerade, breite Wege z. T. weniger dem Handelsverkehr, vielmehr treibt man hier Vieh aus den Tiefländern zu den Sommerweiden im Gebirge.

Im Gegensatz zu den geländeangepaßten Wegen fällt bei anderen die gerade Führung auf; wo eine Steigung zu einer Biegung zwingt, wird diese in Form eines stumpfen Winkels zwischen zwei Geraden ausgeführt. Römer, barocke Fürsten und Napoleon I wollten einerseits möglichst kurze Verbindungen schaffen, andererseits verfügten sie über eine Meßtechnik, für die Krümmungen noch zu viel Aufwand bedeutet hätten. In der Nähe des Rheins verlaufende Römerstraßen sind häufig durch die Prallufer von Mäanderbögen unterbrochen, auf den gerade geplanten Straßen wurde man im Lauf der Zeit zu immer größeren Umfahrungen gezwungen. Bei Pfeilerbrücken bedeuten enge Öffnungen ein hohes Alter.

Feld- und Forstwege sind oft nur an wenigen Stellen miteinander verknüpft (OTREMBA, 1957, S. 114). Im Schichtstufenland enden die

Abb. 41: Altes, flußparalleles Verkehrsnetz, jüngeres ist ostwestlich orientiert. Stadt Telgte in Westfalen (nach der Topogr. Karte 1 : 25 000, Nr. 4012 Telgte).

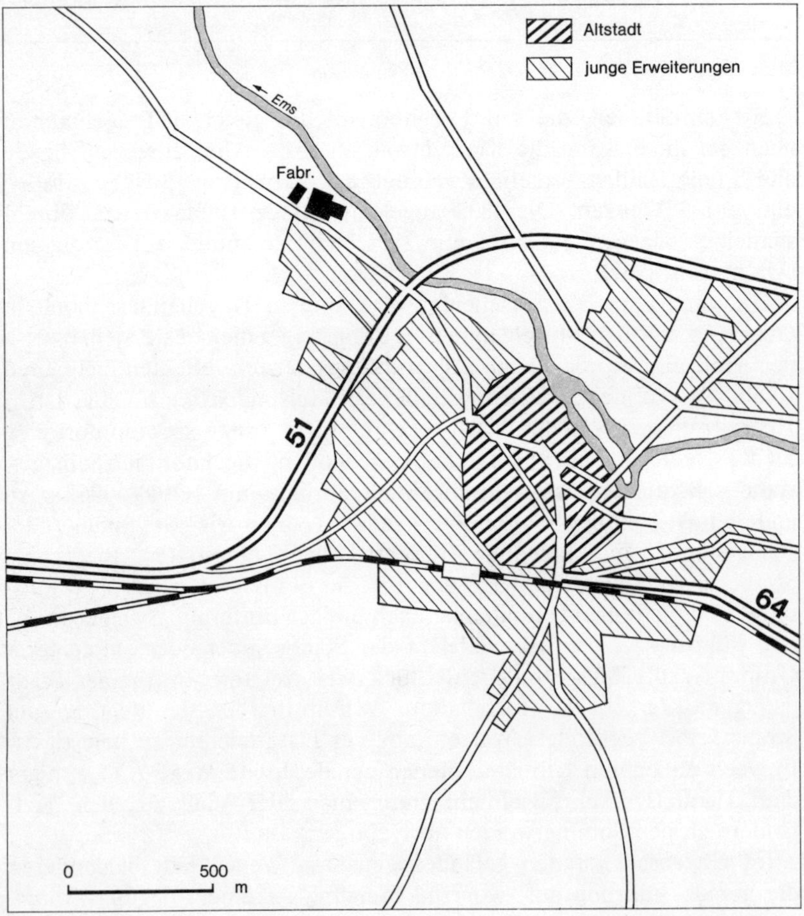

Radialwege der Dörfer an der Hangkante, während das Netz der Forstwege vom Tal aus entwickelt wurde und mit sanften Steigungen die bewaldeten Hänge hinaufzieht. Die Geestrandsiedlungen verfügen häufig über ein Radialwegnetz in der Geest und ein jüngeres geometrisches in der Marsch. Ähnliche schematische, meist quadratische Netze entwarfen die Vermessungsingenieure der Flurbereinigung im 19. und frühen 20. Jahrhundert, sie behielten aber z.T. die wichtigsten Radialwege bei. Sternförmige Forstwege mit Kreis dienten fürstlichen Hirschjagden, sicherlich liegt ein Jagd- oder Sommerschloß in der Nähe.

Als Beispiel dafür, wie man aus einer topographischen Karte die geschichtliche Entwicklung des Verkehrsnetzes herauslesen kann, sei die Umgebung von Telgte an der oberen Ems betrachtet (Abb. 41). Die modern ausgebaute und durch ihre Nummer als Bundesstraße ausgewiesene Umgehungsstraße führt von Münster nach Osnabrück (WSW-ONO). Im alten Kern der Stadt ist aber das Straßennetz, besonders deutlich der Marktplatz, NW-SO gerichtet und paßt sich in den linken Auenrandweg ein. Auf der rechten Seite der Ems läuft ein ähnlicher Weg. Neben diesen beiden Längswegen scheint während der Stadtgründung der Flußübergang nur die Rolle einer „Querspange" erfüllt zu haben, ihre Verlängerung nach SSW zielt auf die nur bescheidene Siedlung Wolbeck. Offensichtlich hat der Aufstieg der Stadt Münster, die 11 km weiter westlich liegt, zu einer Umorientierung auf das Großzentrum geführt.

Eisenbahnen

Topographische Karten geben Spurweite und Zahl der Gleise sehr genau an, aber nur schwedische haben eine eigene Signatur für elektrifizierte Strecken.

Die Eisenbahnen sind im Lauf von 100 Jahren (1830–1930) erbaut worden; die Unterschiede in der Führung erklären sich weniger aus dem Stand der Technik als aus dem Zweck der einzelnen Linien. Laufen zwei Gleise gerade und werden Hindernisse durch Brücken oder Tunnels überwunden, so führen sie zu einem fernen Ziel (Abb. 42 A). Drei oder vier Gleise bedeuten, daß außer dem Fernverkehr auch der Nahverkehr dicht ist. Ganz anders erscheinen die Strecken, die möglichst viele Orte bedienen, viele Haltepunkte haben und größere Kunstbauten scheuen, die Geschwindigkeit ist durch enge Krümmungen oder schmale Spur begrenzt (B). Soll durch Kurven ein Berg umgangen, eine Siedlung angeschlossen oder nur Höhe gewonnen (Lindau-Immenstadt) werden?

Hat das Bahnnetz Gitter- oder Speichenstruktur (Zentralortsystem)? Haben zwei Linien die gleiche Quelle und das gleiche Ziel, so sind sie von konkurrierenden Gesellschaften erbaut worden, in England oft beide für den Fernverkehr gedacht, in Deutschland meist eine Fernlinie von einer Staatsbahn, eine Lokalbahn von einer Privatgesellschaft. Manchmal steigt eine Güterzugstrecke flacher an als die Hauptlinie. Stark gewundene Linien sind später durch technisch auf-

Abb. 42: Beispiele für Eisenbahnnetze.

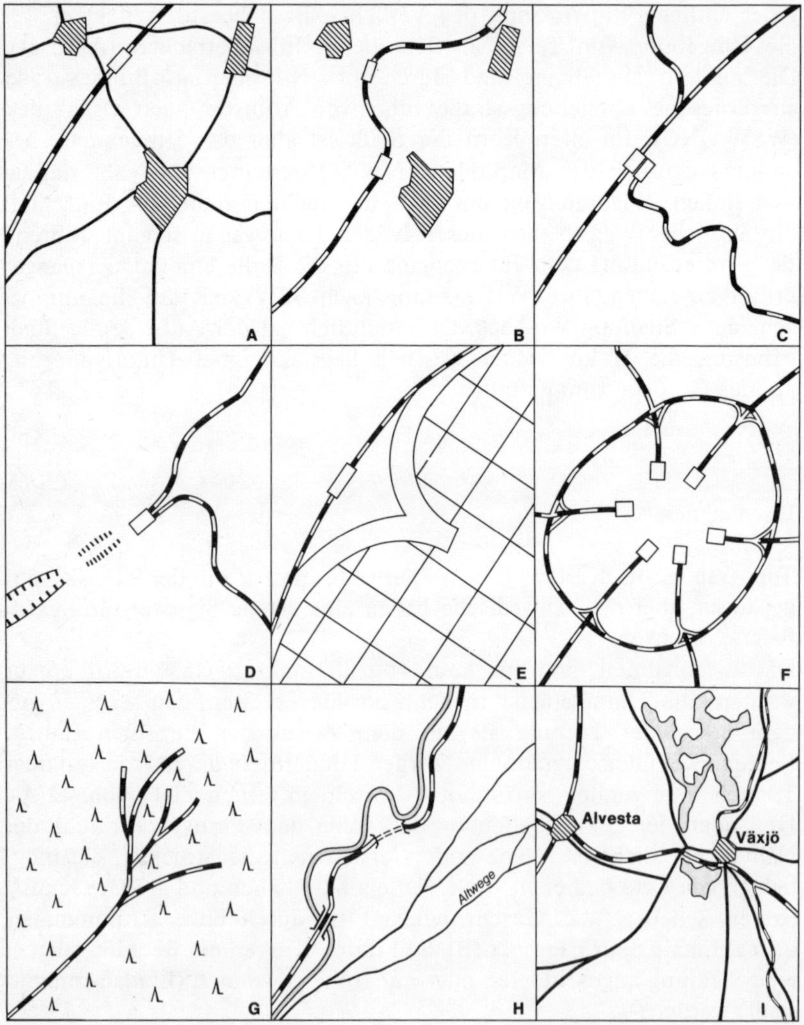

wendigere, aber kürzere ersetzt worden, die ältere Bahn kann für den Lokalverkehr noch in Betrieb sein. Zweigt von einer geraden Strecke eine andere ab, so ist die letztere jünger und normalerweise heute weniger wichtig (C, oben), nur ausnahmsweise hat die jüngere die ältere (Meckesheim-Obrigheim) an Bedeutung überholt. Hat die Anschlußlinie einen eigenen, parallelen Bahnhof, so ist ihre Spur schmäler (C, unten).

Isolierte Strecken, die von der Küste ein Stück landeinwärts führen (Norwegen, Afrika) sind meist zum Transport von Rohstoffen gebaut worden. Stichbahnen schließen normalerweise eine Stadt, eine Fabrik oder ein Bergwerk an das Hauptnetz an. Um die Jahrhundertwende wurden sogar von Zuckerfabriken aus Kleinbahnen zu Feldsammelpunkten gebaut (Ägypten). Manche Stichbahnen, die meisten erst im 20. Jh. angelegt, sollten eigentlich weiterführen, die Fortsetzung ist aber nicht gebaut oder stillgelegt worden, besonders auffällig ist dies an Spitzkehren zu erkennen (D). Dämme und Einschnitte sind vielleicht schon fertig gewesen und auf der Karte verzeichnet.

An später stillgelegten Strecken stehen noch die Bahnhofsgebäude, auf manchen läuft jetzt eine Straße, aber der Anschluß an das Bahnnetz ist noch zu erkennen. Ist der Verkehr wegen der technisch-wirtschaftlichen Entwicklung auf das Straßennetz abgewandert, oder sind besondere Gründe für die Stillegung der Strecke zu erkennen, z.B. neue Grenzziehung, geschlossenes Bergwerk, Ersatzstrecke, die ein Hindernis untertunnelt (Hauenstein) oder einen Umweg abschneidet (Bergen)? In Großstädten kann ein breiter Straßenzug eine ehemalige Bahnlinie, vielleicht zu einem Kopfbahnhof führend, anzeigen (E, Ludwigshafen).

Viele Bahnhöfe liegen an der Grenze zwischen dem dicht bebauten Kern der Städte und den lockereren Vorstädten. Zur Zeit des Bahnbaus (bei europäischen Hauptlinien meist 1840–70) war die Stadt also noch nicht über den Mauerring hinausgewachsen oder sie verfügte im „Zwinger“ oder „Glacis“, dem Festungsvorfeld, über reichlich Platz. In großen Städten liegen die Bahnhöfe weiter weg vom Kern, sei es, daß sie damals schon weiter hinausgewachsen waren, sei es, daß der Bahnhof zwecks Erweiterung hinausverlegt wurde. In den ganz großen Städten (F) bilden die Kopfbahnhöfe die Stadtgrenzen ab (bei Wien die von 1840/70), die jüngeren Verbindungs- und Ringbahnen die von etwa 1880. Im Bahnhofsviertel stellen sich Hotels, Gaststätten, Verkehrsbetriebe, große Ladengeschäfte und ähnliches ein. Mehrere parallele Gleise auf großem Raum gehören zu einem Verschiebebahnhof (Abb. 61). Verlieren sich mehrere Gleise in einem Waldgebiet, so lag dort ein Rüstungsbetrieb (G). Ist auf einem Kartenausschnitt das Bahnnetz insgesamt dicht, so dürfte die Region um die Jahrhundertwende schon gut entwickelt gewesen sein.

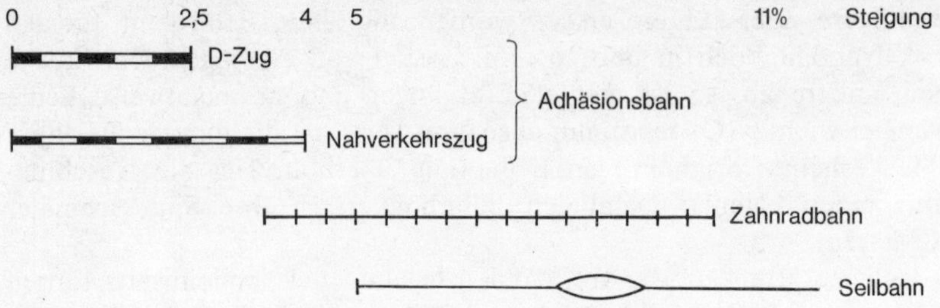

Abb. 43: Steigungsbereiche verschiedener Schienenfahrzeuge.

Wenn eine Linie mit mehr als 2,5% ansteigt oder Krümmungen unter 300 m Radius aufweist, fahren keine Schnellzüge auf ihr (Abb. 42). Strecken über 4% erfordern Zahnstangen und Lokomotiven mit Zahnrädern; noch stärkere Steigungen (5–32%) überwinden die Standseilbahnen, die man an den Ausweichgleisen auf halber Höhe erkennt. Nicht an Schienen gebunden sind die Schwebebahnen, die ohne Schwierigkeiten Schluchten überspannen und daher heute im Hochgebirge ausschließlich gebaut werden. Auf den Karten erscheinen sie als einfache schwarze Linien, die Stützen als Querstriche, Rauten oder Kreise. Noch billiger sind Schlepplifte zu bauen, auf Schweizer Karten als braune Linien dargestellt, welche die ebenfalls braunen Höhenlinien queren. Führen diese Bahnen zu einem Steinbruch oder Bergwerk, zu einem Aussichtsgipfel oder Skihang? Aus der Zahl der Bergbahnen und Lifte kann auf die Umsätze in einem Fremdenverkehrsort geschlossen werden.

Decken sich die Bahnstrecken mit dem Netz der Altwege und der modernen Straßen? Oder hat sich die Bahn einen Weg mit geringerer Steigung ausgesucht (H)? Sind bedeutende Städte beim Bahnbau übergangen und erst nachträglich durch eine Stichbahn angeschlossen und dadurch in ihrer Entwicklung gehemmt worden (I)? Ist dafür am Bahnknoten ein neues Zentrum entstanden (Hessleholm neben Kristianstad)? Sind die Dörfer entlang der Bahn größer als die abgelegenen? Vielleicht ist eine Wachstumsspitze zum Bahnhof zu erkennen.

Übung zum Vertiefen
Typisiere die Verkehrsanlagen, z. B. auf den Karten 15 (Wetterstein), 42 (Wien) oder 43 (Vierwaldstättersee) im Diercke-Weltatlas.

Schiffahrtswege und Umschlagseinrichtungen

Größere Flüsse und Seen sind schon von Natur aus schiffbar; die Fahrwassertiefe läßt sich aus der Flußbreite abschätzen (Abb. 9), noch besser aus der Amplitude einer Mäanderstrecke. Ob ein Gewässer auch wirklich befahren wird, ist auf Karten nur an den Anlegestellen zu erkennen. Freigelegene kleine Stege dienen dem Ausflugsverkehr mit Booten; Anländen mit Bahn- und Straßenanschluß, Umschlagseinrichtungen und Lagern zeigen einen regelmäßigen Güterverkehr an. Deutlicher schlägt sich der Schiffsverkehr auf Flüssen nieder, deren Gefälle zu stark ist oder die zeitweise zu wenig Wasser führen. Das Niedrigwasser kann durch Zuschuß aus einem Stausee vermehrt werden, Leitdämme sondern flache Stellen ab, Buhnen verschmälern und vertiefen die Fahrrinne; oder, wenn diese Teilmaßnahmen nicht ausreichten, so können gefällsreiche Strecken überstaut werden. Stehen die Schleusen in enger Folge und sind klein, so heben sie die Schiffe nur wenig. Wenn sie kürzer als 100 m sind, so wurden sie im letzten Jahrhundert gebaut und zwar für Schiffe unter 1000 t. Heute ist die wichtigste Größe das Europaschiff mit 1350 t, das 2,5 m Fahrwassertiefe verlangt. Sind größere Schleusen für ein solches Schiff oder für Schleppzüge gebaut worden?

Während man im vergangenen Jahrhundert Seitenkanäle bevorzugte, baut man in unserem die Schleusen in den Fluß selbst, um dessen Spiegel nicht absinken zu lassen. Stehen an den Wehren auch Kraftwerke? Wenn nicht, kann der Höhenunterschied zu gering sein oder das Wasserrecht einem älteren Betrieb gehören. Wenn die Kilometrierung flußauf läuft, hilft sie uns nicht weiter; geht sie aber flußab, so können wir den Ausgangspunkt als den Endhafen ermitteln.

Die Schiffahrt auf Kanälen ist im allgemeinen bequemer als in stark strömenden Flüssen, kann aber durch Schleusungen und früheres Zufrieren im Winter evtl. längere Fahrzeiten bedingen. Führt ein Kanal in der Talaue als Seitenkanal, in einer verlassenen Talung (z. B. Urstromtal), am Hang oder über einen Paß? Welcher Zufluß speist ihn (Pumpwerke)? Ist auf dem Kartenausschnitt ein Ziel zu erkennen, z. B. eine Industrie-Agglomeration, ein Bergbaubezirk oder ähnliches, der die Anlage eines Kanals oder den Ausbau eines Flusses gefordert hat? Ist ein Kanal noch durchgehend zu befahren oder sind Teile zugeschüttet (vielfach in den Niederlanden)? Viele Binnenschiffahrtswege werden auch von Küstenmotorschiffen benutzt (direkter Verkehr Mannheim-Portugal, Coaster-Werften im Westfriesischen Hinterland). Wenn die Schleusen breiter als 15 m sind, ist der Kanal für Hochseeschiffe gebaut worden.

Umschlagseinrichtungen am Flußufer sind mit geringem Aufwand zu erstellen, für wetterunempfindliche Schüttgüter genügt schon ein mobiler Kran, zum Laden von Steinen ein paar Bohlen als schiefe Ebene. Stromhäfen werden seltener vom Eis blockiert. Hafenbecken sind teurer, frieren leichter zu, sind aber vor Hochwässern besser geschützt. Manche durch Molen abgetrennte Becken dienen nicht dem Umschlag, sondern als Bau- und Nothäfen.

Die Seehäfen wurden von Rühl und anderen in verschiedene Typen gegliedert (s. Otremba 1957, S. 152 ff. oder Fochler-Hauke). Liegt ein Hafen in einer Flußmündung, in einer natürlichen Bucht oder auf einer Insel? Dalben (Pfostenbündel) in der Strommitte zeigen an, daß direkt vom Seeschiff ins Binnenschiff umgeschlagen wird.

Wenn die Karte Tiefenlinien oder -koten angibt, läßt sich ermitteln, welche Schiffe hier noch anlegen können, größere müssen auf offener Reede leichtern oder löschen. Bei der Beurteilung von Küstenfahrwassern ist allerdings zu berücksichtigen, daß Karten die Tiefen im Zweifelsfall immer zu gering angeben, ferner sind diese auf Springniedrigwasser, also auf den tiefstmöglichen Stand, bezogen. Die Höhendifferenz zwischen der Hoch- und der Niedrigwasserlinie darf also noch dazu addiert werden. Im schlimmsten Fall muß ein großes Schiff 10 Stunden warten, bis es auf der Flutwelle in den Hafen „reiten" kann. Ist eine ausgebaggerte Fahrrinne eingezeichnet?

Beispiele

angegebene Tiefe in m	Tidenhub	maximaler Tiefgang	Ladefähigkeit tdw	Tonnage BRT
8	3,5	9,6	25 000	
8,5	3	10,7	40 000	30 000
12	2,5	13	75 000	
15	3,5	16,8	170 000	
20	4	22	250 000	
29	4	30	500 000	

Viele einst hervorragende Naturhäfen sind versandet oder für die heutigen Schiffsgrößen zu seicht, sie dienen als „Alte Häfen" entweder der Fischerei oder dem Sport. Auch aus Städten, die an bescheidenen Flüssen weit landeinwärts liegen, können einst Seeschiffe ausgelaufen sein. Sind Molen, Piers, Hafenbecken und Kaischuppen vorhanden? Die Dichte von Leuchtfeuern und anderen Seezeichen kann ein Maß für die Verkehrsdichte, aber auch für die Schwierigkeit der Zufahrt sein. Tidehäfen sind nur bei Flut zu erreichen, die Becken durch Schleusentore abzusperren (Dockhafen); fehlen diese an kleineren Häfen, so sitzen die Schiffe bei Niedrigwasser auf. Häfen an flachen Ausgleichsküsten sind meist künstlich ausgebaggert und durch Molen vor dem Versanden geschützt (Ostende), die längere Mole steht vor der Hauptwindrichtung (Abb. 61). Wie lang sind alle Kais zusammen? Die Kailänge ist ein rohes Maß für die Aufnahmekapazität eines Hafens. Erstreckt sich vor einer alten städtischen Hafenfront ein modernes Geschäftsviertel, so ist dessen Boden bei der Vertiefung des alten Beckens aufgespült worden (z. B. Sousse).

Übung zum Vertiefen

Vergleiche die Anlagen der Häfen Hamburg und Manhattan auf den Karten 4 und 128 des Diercke-Atlas!

Flughäfen

Je länger die Startbahn, um so größere Flugzeuge können den Hafen benutzen, um so größer ist das bediente Gebiet (s. Tabelle). Weil die Luft in der Höhe dünner wird, fällt ein 700 m hoch gelegener Hafen um eine, ein 1400 m hoch gelegener um zwei Klassen zurück, ähnlich in den Tropen, die Pistenlängen sind nämlich auf 15 °C bezogen (Grosch, 1963). Sind Startbahnen in verschiedenen Richtungen angelegt, so zeigt die längere die Windrichtung bei Schlechtwetter an. Parallelbahnen sind notwendig, wenn die Starts schneller als in 1–2 Minuten aufeinander folgen. Wie weit ist der Weg zur Stadt? Schnellstraßen oder Flughafenbahn zeigen eine besondere Frequenz an. Abgelegene Flughäfen dienen militärischen oder – wenn nur eine einzige Halle vorhanden ist – sportlichen Zwecken.

Flughafen-Klassen

Alte Klasse				A		B		C		D		E		F		G			
Startbahn (km)	4		3,1		2,5		2,1		1,8		1,5		1,3		1,1		0,9		0,2
Flugzeug	Überschall	Boeing 747 Jumbo								DC 9						VFW 616		Bö 209	
Fluggäste		500								90						40			
Wirtschaftliche Flugstrecke (km)			2000				1000									500		1	

Öl- und Hochspannungsleitungen, Nachrichtenverkehr

Von den unterirdisch angelegten Ölleitungen verzeichnen topographische Karten allenfalls Entlüftungs-, Pump- und Lagereinrichtungen.

Elektrische Fernleitungen sind eingetragen (Abb. 61); sie laufen aus Sicherheitsgründen weitab von Siedlungen, verbinden aber auf dem kürzest möglichen Weg Energieerzeugung, Schalt- und Umspannwerke (Knoten mehrerer Leitungen auf freiem Feld) mit den Schwerpunkten des Verbrauchs. Vom drahtlosen Nachrichtenverkehr enthalten die Karten die „Umschlagseinrichtungen“, nämlich die Funktürme, die uns auf eine hohe und vor allem freie Lage dieser Punkte hinweisen.

Namengut

Fluß-, Berg-, Flur- und Ortsnamen

Wenn einem Landeskenner das gesamte Namengut einer Gegend - womöglich in der ältesten Schreibweise - vorliegt, kann er viel darüber aussagen. Beim Interpretieren von Karten fehlt diese nähere Kenntnis, außerdem sind viel zu wenig Flurnamen verzeichnet, so daß der Interpret bei all seinen Schlüssen über eine gewisse Wahrscheinlichkeit nicht hinauskommt.

Eine Grundregel ist, daß die Namen aus um so jüngerer Zeit stammen, je ähnlicher ihre Schreibung dem modernen Sprachgebrauch ist (z. B. ist Cunnersdorf älter als Konradswaldau). Junge Namen sind leicht zu verstehen, ältere sind abgeschliffen, enthalten heute nicht mehr gebräuchliche Ausdrücke und Personennamen oder stammen gar aus der Sprache einer Vorbevölkerung und sind mehrfach umgeformt, so daß sie selbst bei guter Kenntnis fremder oder alter Sprachen kaum zu deuten sind; die spezielle namenkundliche Literatur (z. B. BACH 1953, E. SCHWARZ 1950, STURMFELS-BISCHOF 1961), gibt oft ganz verschiedene Ableitungen an. Am ältesten sind meist die Namen der großen Flüsse, denn sie werden bei Eroberungen von der Vorbevölkerung übernommen, Siedlungsnamen nur dann, wenn noch ein Rest dieser Leute geblieben ist.

Auf Kartenblättern können sich Orts- und Bergnamen verschiedener zeitlicher und sprachlicher Schichten gleichmäßig durchdringen oder es häufen sich Namen der einen Sprache im guten Land, die der anderen im landwirtschaftlich weniger günstigen. Im schlesischen Flachland finden sich z. B. zahlreiche slawische Namen, während Berge und Orte in den Sudeten erst von deutschen Siedlern benannt wurden.

Besonders häufige, aber nicht ohne weiteres verständliche Flurnamen sind in einer Liste im Anhang erklärt. Für einige Länder gibt es ausführlichere Bücher, die Namen der schleswigschen Geest hat WENZEL erklärt, die des Rheinlandes DITTMAIER, die Namen Württembergs KEINATH und die Bayerns SCHNETZ.

Siedlungsnamen

SCHLÜTER, ARNOLD und anderen war aufgefallen, daß Dorfnamen, die in den Urkunden zur gleichen Zeit erstmals erwähnt werden, ähnlich geformt sind, z.B. einen Personennamen und das Suffix -hausen enthalten. Umgekehrt haben sie dann aus dem gruppenweisen Auftreten bestimmter Ortsnamentypen auf die Hauptsiedlungszeit geschlossen. (Näheres siehe JÄGER, 1969, oder OVERBECK, 1957.) Diese Methode ist für frühgeschichtliche Forschungen längst nicht zuverlässig genug, sie läßt uns aber den Siedlungsgang rasch überblicken. W. MÜLLER hat die Siedlungsnamen im Landkreis Ludwigsburg als Schichtenprofil zusammengestellt (Tabelle). Von der ältesten Schicht (1), deren -ingen-Namen stabreimend alle mit B- beginnen, sind viele wieder wüstgefallen (Kreuz und dünne Schrift), während die -ing-heim (3) und Personen-heim (4) bestehen blieben.

Auf einer Kartenskizze markieren wir die Lage der Siedlungen und suchen in einem regionalen, historischen Ortslexikon, wann und in welcher Schreibweise sie zum erstenmal in Urkunden genannt wurden (Abb. 44). Die Dörfer mögen jeweils Jahrzehnte oder Jahrhunderte

Abb. 44: Siedlungsgang in der Oberrheinebene und im Schwarzwald, erschlossen aus Namensschichten und erster urkundlicher Erwähnung.

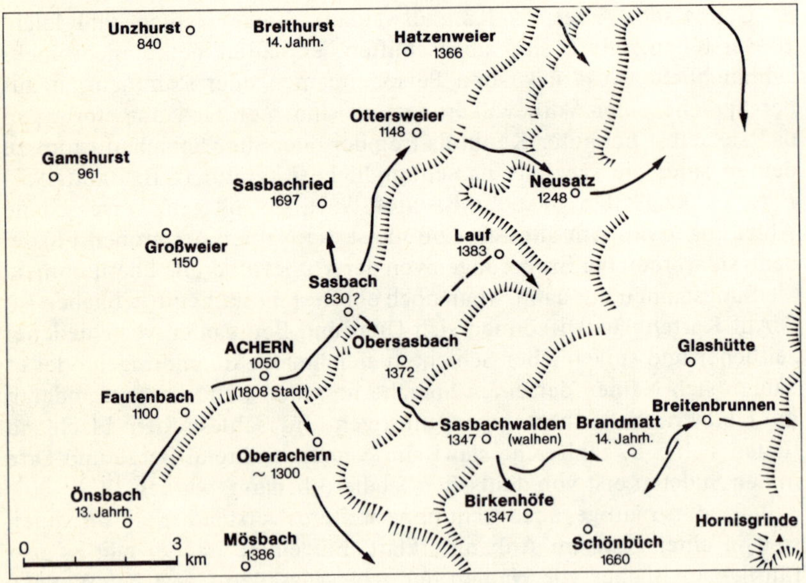

Siedlungsnamen im Kreis Ludwigsburg (Württemberg), geordnet nach Endungen und erster urkundlicher Erwähnung (aus W. MÜLLER). ▷

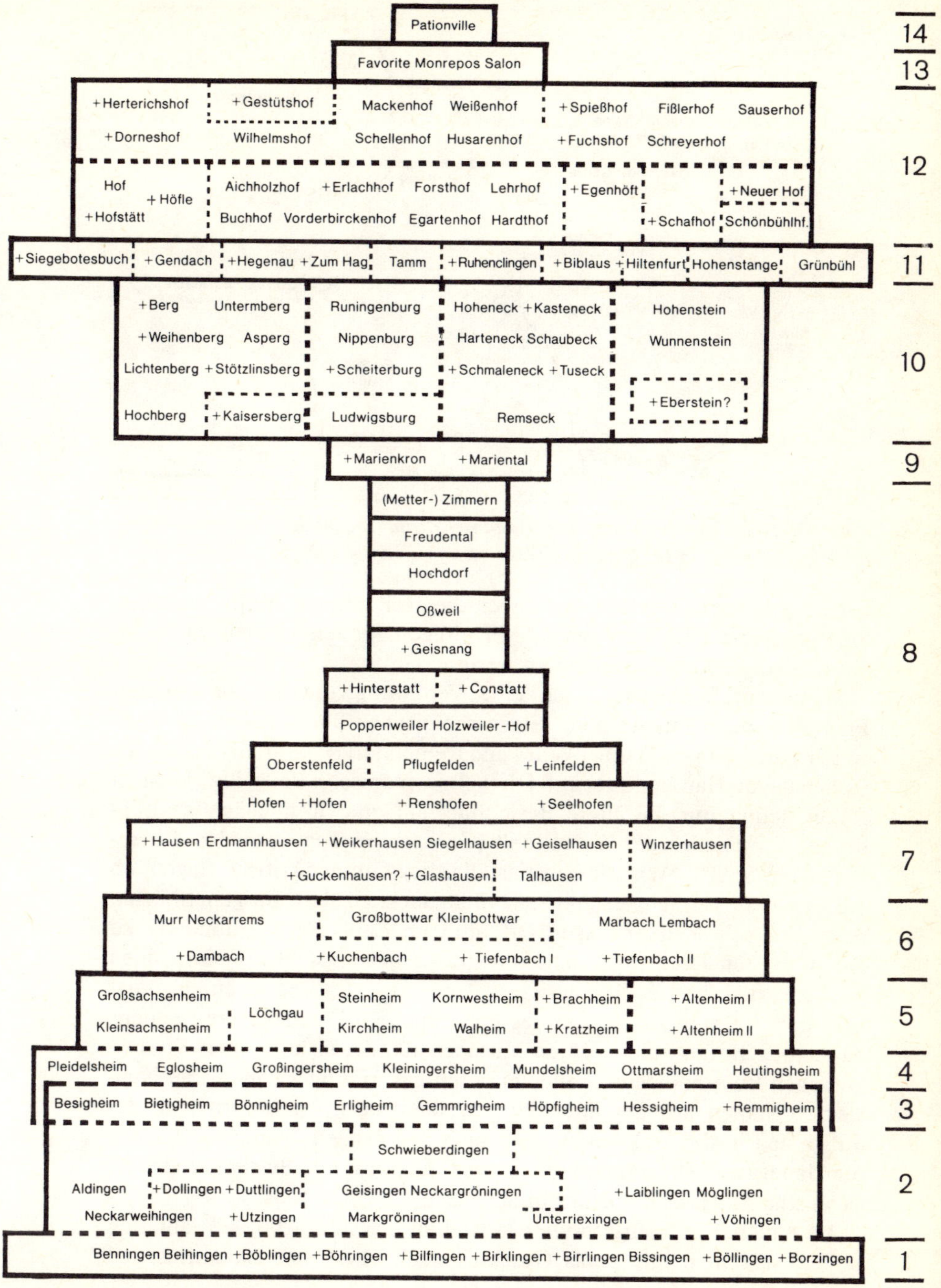

Pationville
Favorite Monrepos Salon
+Herterichshof +Gestütshof Mackenhof Weißenhof +Spießhof Fißlerhof Sauserhof
+Dorneshof Wilhelmshof Schellenhof Husarenhof +Fuchshof Schreyerhof
Hof +Höfle +Hofstätt
Aichholzhof +Erlachhof Forsthof Lehrhof +Egenhöft +Neuer Hof
Buchhof Vorderbirckenhof Egartenhof Hardthof +Schafhof Schönbühlhf.
+Siegebotesbuch +Gendach +Hegenau +Zum Hag Tamm +Ruhenclingen +Biblaus +Hiltenfurt Hohenstange Grünbühl
+Berg Untermberg Runingenburg Hoheneck +Kasteneck Hohenstein
+Weihenberg Asperg Nippenburg Harteneck Schaubeck Wunnenstein
Lichtenberg +Stötzlinsberg +Scheiterburg +Schmaleneck +Tuseck
Hochberg +Kaisersberg Ludwigsburg Remseck +Eberstein?
+Marienkron +Mariental
(Metter-) Zimmern
Freudental
Hochdorf
Oßweil
+Geisnang
+Hinterstatt +Constatt
Poppenweiler Holzweiler-Hof
Oberstenfeld Pflugfelden +Leinfelden
Hofen +Hofen +Renshofen +Seelhofen
+Hausen Erdmannhausen +Weikerhausen Siegelhausen +Geiselhausen Winzerhausen
+Guckenhausen? +Glashausen Talhausen
Murr Neckarrems Großbottwar Kleinbottwar Marbach Lembach
+Dambach +Kuchenbach + Tiefenbach I +Tiefenbach II
Großsachsenheim Löchgau Steinheim Kornwestheim +Brachheim +Altenheim I
Kleinsachsenheim Kirchheim Walheim +Kratzheim +Altenheim II
Pleidelsheim Eglosheim Großingersheim Kleiningersheim Mundelsheim Ottmarsheim Heutingsheim
Besigheim Bietigheim Bönnigheim Erligheim Gemmrigheim Höpfigheim Hessigheim +Remmigheim
Schwieberdingen
Aldingen +Dollingen +Duttlingen Geisingen Neckargröningen +Laiblingen Möglingen
Neckarweihingen +Utzingen Markgröningen Unterriexingen +Vöhingen
Benningen Beihingen +Böblingen +Böhringen +Bilfingen +Birklingen +Birrlingen Bissingen +Böllingen +Borzingen
14
13
12
11
10
9
8
7
6
5
4
3
2
1

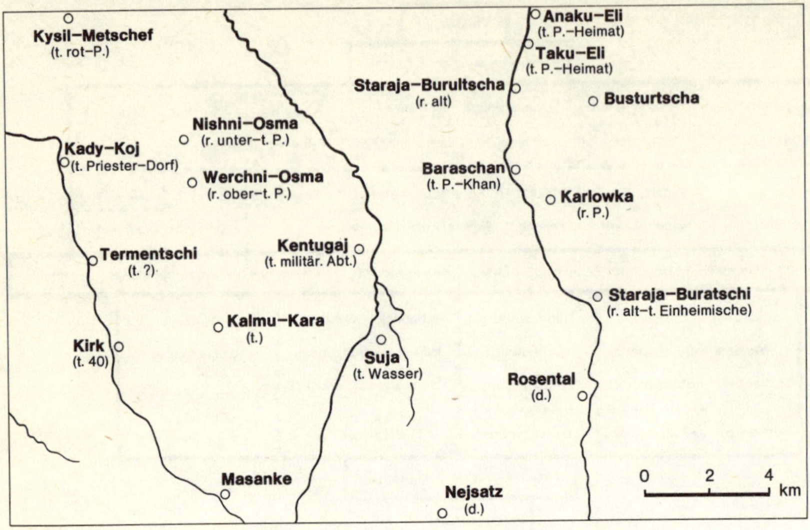

Abb. 45: Siedlungsnamen auf der Halbinsel Krim (nach der russischen Karte 1:100000, Blatt L 36-105 Suja, von 1934).

vorher gegründet worden sein, aber die Reihenfolge dürfte mit dem Siedlungsgang übereinstimmen. Mit einigen Pfeilen können wir rasch ein lebendiges Geschichtsbild entwerfen.

Manchmal finden wir sogar eine Verteilung, die uns zu weiteren Fragestellungen anregt. In der Niederrheinischen Bucht z. B. häufen sich westlich des Flusses Wurm Weiler und Reihendörfer auf -rath (Rodezeit), östlich davon Haufendörfer auf -ich (keltoromanisch). Bei völlig gleichem Relief deutet nur die ältere Besiedlung auf eine 10 m mächtige Lößdecke, die westlich der Wurm fehlt (GLÄSSER im Top. Atlas Nordrhein-Westfalen S. 200). Wir müssen uns allerdings immer kritisch fragen, ob die aus dem Namen erschlossene Zeit auch zu den übrigen Indizien paßt. Ein echter, alter -ingen Ort muß im Lauf der Jahrhunderte zu einem großen Dorf angewachsen sein, die günstigste Lage einnehmen und die fruchtbarste Flur besitzen. Treten alte Suffixe in einem jungbesiedelten Raum auf, so kann es sich um einen Fleck besseren Bodens handeln, z. B. um lößbedeckten Muschelkalk, der sich in einem Graben zwischen Buntsandsteinschollen erhalten hat. Häufiger haben aber Neusiedler Namen aus der alten Heimat übertragen, in Bayern z. B. das Suffix -ing in die Waldberge, oder auch den ganzen Namen, z. B. Salza und Jauer nach Ostpreußen; manchmal auch nur das Bestimmungswort (Romsthal in Hessen – Roms in Schlesien).

An einem Kartenausschnitt der Halbinsel Krim (Abb. 45) läßt sich zeigen, daß man mit etwas Geschick auch ohne Sprachkenntnis den

Siedlungsraum nach Ortsnamen gliedern kann. Namen wie Karlowka sind unschwer als russische Personennamen (r P) zu erkennen, die tatarischen (t) Ortsnamen klingen ganz anders und hängen vielfach ein „-koj“ oder „-eli“ an, was unserem -heim dem Sinn nach entspricht. Die Zaren haben zwischen den Tataren russische und deutsche (d) Siedler angesetzt.

Auf großmaßstäbigen Karten eines Einzelhofgebiets stehen auch die Namen der früheren oder jetzigen Besitzer, man erfährt so, wo die Siedler herstammen oder welche Namen in der Gegend vorkommen. Die Farmbesitzer in Argentinien tragen deutsche, schottische, französische und italienische Namen.

Zeitlich eingrenzbare Namen in Mitteleuropa

Vorchristliche Indizien: Flußnamen; an Signaturen die Grabhügel, Hünengräber, Ringwälle, Viereckschanzen (keltisch) und Heidengräben. Heißen freistehende Berge vielleicht nach Donar (Donnersberg), Elias, Peter oder Michael? Es könnte ein älterer Kultplatz von einer christlichen Kapelle übernommen worden sein. Ortsnamen auf -ich, -ig, -nich, -ach, -magen (magus = Feld) und Breg- (briga = Fels, Berg) sind in Westdeutschland keltoromanisch. Namen auf Welz-, -Wal- oder -Walch- deuten an, daß hier Bewohner oder wenigstens Bauwerke aus der Römerzeit den Völkersturm überdauert haben.

Landnahmezeit (um 300): Auf einen – manchmal verstümmelt erhaltenen – Personennamen folgen -ingen, -ungen (Hessen), -ing (Bayern), -heim, -leben (= Hinterlassenschaft, Thüringen), -ithi, -um, -e, -lar (= Weide) oder -mar (= Teich, Sumpf). In Franken und Thüringen gehören auch die -statt, in Holstein die -stedt und -(w)ang (= Feld, Garten) in diese Gruppe.

Merowingerzeitlicher Ausbau (500–800): Zwischen den Namen der Landnahmezeit und am Rand des damaligen Altsiedellandes treten die „Sach-heim“-Orte auf, in Niedersachsen und Nordhessen auch -hausen oder gekürzt -sen, dort außerdem -werder, -furt, -tun, -dorf und -stedt.

Soweit königliche Beamte die Tochtersiedlungen organisiert haben, wurden sie nach besonderen Kennzeichen (Stein-, Tal-, Kirchheim) benannt, oder einfach nach der Himmelsrichtung vom Mutterdorf aus betrachtet. Am Main liegt zwischen Nordheim und Astheim (ursprünglich Ostheim) die jetzige Stadt Volkach, die deshalb als älter anzunehmen ist.

Karolingischer Ausbau (700–1000): Lage und Grundriß ähneln dem merowingerzeitlichen Ausbau, viele Ortsnamen enden auf -hausen, -hofen, -wangen, -büttel und -beuren. Die Suffixe -bach und -dorf beginnen in dieser Zeit. Aus dem Elsaß kommt -wei(l)er und erreicht Württemberg um 700–900, wo es dann in der Rodezeit vorherrscht. Die -zimmern-Orte haben vielleicht eine nichtlandwirtschaftliche Wurzel, ähnlich die an den Straßen gelegenen -stetten und -statt (Station zum Pferdewechsel, Schmiede, Herberge?). Die Namen auf -au, -bach, -beck und -beke beginnen in dieser Zeit, werden aber auch später verwendet. Das Suffix -born wandert von Norddeutschland bis zum Schweizer Jura und in der Rodezeit als -bronn wieder nach Norden.

Hochmittelalterliche Rodezeit (900–1300, Abb. 44): Einerseits gründete man in sumpfigen Niederungen Orte auf -deich und -damm, andererseits stieß man in die Waldberge oder Sandflächen vor: -holz, -rode(r), -rot, -röttgen, -riet, -rüti, -rath und -scheid (westdeutsch, ab 12. Jh.), -bracht, -buch, -hardt und -grün (Oberfranken und Böhmen, ab 12. Jh.). Die -hagen-Orte mit regelmäßig an der Straße aufgereihten Höfen besaßen besondere Vorrechte (erblicher Besitz, eigene Gerichtsbarkeit) sie beginnen um 800 in Niedersachsen, in Lippe und Mecklenburg um 1200 (CURSCHMANN). Ferner kommen -neuses (= Neuer Sitz) und -brück in dieser Zeit auf. Um 1000 übernehmen die Friesen -büll von den Dänen.

Kirchliche Namen beginnen im 8. Jh. im Elsaß und werden vom 10. Jh. (in Hessen vom 13. Jh.) ab allgemein Mode. Viele der Orte mit Heiligennamen (z. B. St. Gilgen = Hl. Ägidius) wurden von Klöstern gegründet, ebenso die -kirch(en), -münster, -zell, -kappel, –Münch-, Mönch-, Bisch-, Pfaffen(en)-, Pfäff- und Weih-. „Merge“ bedeutet Maria.

Orte auf -berg, -burg, -fels, -stein, -eck tragen den Namen einer Burg und liegen an deren Fuß oder oben auf einem Sporn. Der Burgherr hat hier seine Dienstleute, Burgmannen, Handwerker und Bauern angesiedelt. Manche Burgweiler erhielten später Stadtrecht, konnten sich aber nicht weiterentwickeln. Schwaigen oder Schweigen wurde im 12. Jh. als Viehhöfe errichtet, um die aufkommenden Städte mit Fleisch zu versorgen. In Wüstenrode wurde eine Wüstung neu besiedelt. In Orten auf -wind oder Windisch- wurden ab dem 8. Jh. kriegsgefangene Slawen angesiedelt.

Vor dem Suffix steht normalerweise der Personenname des Gründers, in Franken und im Allgäu steht dieser als Genetiv allein, die Endung ist weggefallen, „Dietrichs“ müßte Dietrichsrot heißen.

Frühe Neuzeit (1300–1600): Die Siedlungstätigkeit beschränkt sich auf kleine Rodungen („Nachsiedlung“), meist mit Einzelhöfen besetzt, die selteneren Gruppensiedlungen (z. B. -dörfles in Franken) haben kursiv geschriebene Namen, sie sind nicht mehr zu selbständigen Gemeinden angewachsen. Namen auf -hof, -haus und -mark (Westfalen) oder Geländenamen wie -kessel, -hag, -grund, -leite herrschen vor. Manche Weiler gehen auf Waldgewerbe zurück: Glashütte, Althütte, Neuhütten, Spiegelberg, Aschenplatz (Pottaschensiederei), Kohlberg. Damals muß das Gebiet noch von weiten Wäldern, deren Holz wegen der Entlegenheit nicht anders zu nutzen war, bedeckt gewesen sein.

Absolutistische Zeit (1600-1800): Die aufgeklärten Fürsten wollten ihren Untertanen neues Ackerland verschaffen und gleichzeitig das letzte Stück Ödland kultivieren. Meist sind die Dorfgrundrisse geometrisch, in den Namen hat sich der Fürst verewigt (Wilhelmsfeld, Friedrichstal, Sophienkoog), manche erinnern an die Heimat von Flüchtlingen („Zillertal“ in Schlesien).

Ausbau im 19. und 20. Jh.: Einzelhöfe und Hofgruppen auf -hof, -holz und nach Flurnamen.

Namensschichten in Nordeuropa (nach SÖMME *1967)*

	Dänemark		Schweden			Norwegen		
vor 800	-lev	-ing	-ing	-lösa	-stad ↘	-berg	-hov	-vin
Wikingerzeit	-by		-by	-arp		-stad	-heim	
Mittelalter	-torp		-torp	-ryd	-hult = Holz	-rud		
			fall	måla	sved			

Namensschichten in Großbritannien (nach CAMERON*)*

1. Keltoromanische Namen auf Tre-, Pol-, Pen- und Car-: Den Namen von Kastellen und Städten hängten die Angelsachsen ein -caster, -caester oder -burgh an. Manchmal steht aber statt des alten Namens der Personenname des Eroberers vorn als Bestimmungswort.

2. Saxon Entrance Phase (ab 5. Jh.): Das Suffix -ton existiert als deutsches Zaun, bedeutet hier Hof oder Dorf. An Personennamen werden -ing, und -ham gehängt, daneben kommen -ford und thunder- (heidnisches Heiligtum) vor.

3. Saxon Expansion Phase: Die Endungen -worth, -wick und -wich bedeuten Hof, -ham wird an Sachbezeichnungen gehängt. Wee-, wy- oder harrow bedeuten Heiligtum, -low Grab und -minster Kloster.

4. Nordische Phase (ab 9. Jh.): Am häufigsten tritt auf das Suffix -by (Dorf, Hof, es kann in Schottland auch an keltischen Namen hängen), daneben kommen vor -holm (Insel), -set, -side oder -scale (Alm), -toft (dän. = Hof), -thorp (Tochtersiedlung), -er (Genitiv) und -kirk (Kirche).

5. Normannische Namen (ab 11. Jh.): Die Normannen gründeten vor allem Burgen und Klöster mit französischen Bestimmungswörtern und Suffixen, z. B. -mont, -mond (Hügel), -dieu (Kloster) und -ville (Stadt, Dorf). Gleichzeitig wurde von angelsächsischen Siedlern Wald gerodet, diese Dorfnamen enden auf -grove (Hain), -hurst, -wood, -holt, -ley, -brent oder -burned (Brandrodung).

*Namensschichten in Frankreich (s.*GRÖHLER *oder* DAUZAT-ROSTAING*)*

Anders als in den bisher genannten Räumen sind in Frankreich die alten, schwer deutbaren Namen zahlreicher, Suffixe sind seltener und sind während längerer Zeiträume benutzt worden, so daß sie sich schlechter auswerten lassen.

1. Das gallische Dun (Burg) kommt für sich allein oder als Endung vor (Verdun, Autun). In der römischen Zeit wurde in Südfrankreich einem Sippennamen ein -ac angefügt, andere Endungen aus dieser Zeit sind -ey und -y.

2. Fränkische Gründungen sind am Suffix -ange (deutsch -ingen) zu erkennen, ein Herrenhof wird mit dem Sippennamen und -court bezeichnet, gelegentlich kommen -berck, -bergue (Berg) und -bec(k) (z. B. Bolbeck, Robec, = bach) vor. Einige fränkische Dörfer wurden von den romanischen Nachbarn mit Franc- näher gekennzeichnet (z. B. Francourtville). Südlich der Loire siedelten die Franken kaum.

3. Weil Frankreich schon dichter besiedelt war, sind die mittelalterlichen Rodenamen seltener als in Deutschland: Essards, Essert (Rodung), Villeneuve, Mons-, Champ-, Le Bois-, Charme- (Hainbuche), Epinal (Dornbusch), Bruyère (Heide). Manche ländliche und städtische Grundherren benennen ihre Rodungen mit ihren Familiennamen und der Endung -ière oder -erie. Villefranche oder Villeneuve sind größere Dörfer, während Le Clos eine geschlossene Hofflur bedeutet.

Die Burgweiler sind an ihrer Lage und an Namen wie Roque-, Roche-, Chateau-, -le-Comte, Castelfranc oder Réalmont zu erkennen. Einsiedeleien, Klöster oder Kirchen heißen Monastier, Monêtier oder Moûtier, Heiligennamen wie Saint Cyr geben das Patrozinium der Dorfkirche an.

4. Die Siedlungen der Barockzeit haben einfache Namen, z. B. Les Loges, Les Barraques, Bellevue, Heurtebise (Wind). Manche Siedler vergleichen ihre Aufgabe mit der von Pionieren in den Kolonien (Le Nouveau Monde, Mississippi, Cayenne).

Zum Vertiefen

Wie verteilen sich die Namensschichten auf Karte 49/II des Diercke-Atlas (Champagne)?

Liste einiger besonderer Namenformen

Aigen = Eigenbetrieb eines adligen Grundherrn

Alten- = Rest eines Dorfes, von dem die meisten Bewohner in eine daneben gegründete Stadt umgezogen sind

Altefähr, Altenufer = ehemalige Fährstelle

-berg = kann „Burg“ oder „Bergwerk“ bedeuten

Frei- = (z. B. -stadt) Ort mit besonderen Vorrechten

Galt-(alm) = Jungvieh (alpe)

Hall = Sole wird eingedampft zu Speisesalz

Holler- = holländische Siedler in Niederungen

-hütte = Glas-, Eisen- oder Buntmetallgewinnung

König(s)- = Königsgut des Mittelalters oder Gründungen der preußischen Könige (meist Friedrich II.)

Kunst- = Wassertriebwerk

-lak, Laka = See

Lützel-, Lütten-, Lille- = klein

Maiensäß, Mayence = Frühsommer- und Herbstalpe

Maut- = chem. Zollstätte

Mehring = Mehrung = Ausbauort

-ohl = fruchtbare Wiese am Bergfuß (12. Jh.)

-seifen, -siepen = Bach, Sumpf, Schlucht (12. Jh.) oder Abbau von gold- oder zinnhaltigem Sand

Sommer- = Siedlung in Südexposition

Stafel = Frühsommer- und Herbstalpe

Über- (schaar) = Siedlung jenseits der Talniederung

-wede(l), -waden = Furt

-winden, -wind(isch)-, Wünschen- oder Wenigen- = Siedlungen von Slawen neben Deutschen; westlich der Elbe wurden im Spätmittelalter kriegsgefangene Wenden angesiedelt

-wisch = feuchte Wiese

Zeidler = Imker

Doppelortsnamen: Tragen zwei benachbarte Orte den gleichen Namen, so werden diese durch Ober/Unter, Alt/Neu, Groß/Klein, X/Wenig-X oder Sommer/Winter unterschieden. Meist war der größere, untere oder Kirchort die Mutter für die jüngere Zweitsiedlung, z. B. ist nur Altlußheim ein echter Name der Landnahmezeit, Neulußheim entstand erst im 18. Jh.

Zufällige Namensgleichheit entfernterer Orte verlangt ebenfalls eine Unterscheidung, die dann über Lage, Anbau und Bevölkerung etwas aussagt, z. B. Dürren- und Grünmettstetten, Deutsch- und Welschnofen, Baier- und Schwabsoien. Oft sind die Grenzen längst verwischt, nur der Name Deutschpodersdorf erinnert daran, daß der andere Ort, Leithapodersdorf, bis 1918 zu Ungarn gehört hat.

Namengeber: In den wenigsten Fällen läßt es sich heute noch entscheiden, ob der *Gründer* seiner Siedlung bewußt einen Namen verliehen hat, ob die *Einwohner* auf Fragen der Nachbarn ihren Sitz selbst bezeichnet haben, oder ob die Leute aus den *Nachbarorten* die Bezeichnung geprägt haben. Bei der Form „Neuenstadt" kann man sich leicht die Frage „Wo wohnst Du?" und die Antwort „In der Neuen Stadt" vorstellen, hier waren es die Bewohner. Andere, vor allem die Necknamen, sind sicher von den Nachbarorten aus erteilt worden, z. B. die nur 400 m hoch gelegenen Streusiedlungen „Auf dem Schnee" und „Ende" (der Welt) auf Blatt Witten, die „Armenheide" auf Blatt Pölitz (r 5461, h 5932).

Trägt eine Siedlung den Namen des *Flusses,* so liegt sie vielleicht nächst der Quelle oder war in einem früheren Ausbaustadium der oberste Ort, oder aber an der Mündung. Liegt sie dazwischen, dann haben die *Fuhrleute* den alten Straßenübergang so bezeichnet. Am Leinbach westlich von Heilbronn gibt es Klein-, Groß- und Neckargartach; Klein-G. war der oberste Ort, Groß-G. ein fränkischer Gaumittelpunkt und Straßenknoten, und Neckar-G. bezeichnet die Mündung in den Neckar; später geriet der Flußname in Vergessenheit. Das Dorf Lieser liegt gar nicht an der Lieser, aber die Moselschiffer sahen es als nächstes bei der Liesermündung.

Wüstungen

Wo die Lage eines einstigen Dorfes noch bekannt ist, verzeichnen manche Karten „Dorfstelle", meist ist diese nur indirekt zu erschließen. Ein „Eichhäuser Hof" kann nach dem Besitzer Eichhäuser genannt, aber auch der Rest des Dorfes Eichhausen sein, ähnlich eine „. . .inger Mühle". Eindeutig auf eine Wüstung weisen aber ein „Lichtenroder Bach", wenn keine Siedlung Lichtenrode mehr existiert, oder eine

Försterei „Holtensen“. Trägt ein Großbetrieb einen typischen Dorfnamen (z. B. Wistinghausen, Hipfelbeuren), so hat ein Grundherr (oft ein Zisterzienserkloster) die Bauern „gelegt“, den Namen für das Gut aber beibehalten. Der Name „Zimmerner Berg“ kann die Lage eines einstigen Dorfes angeben, vielleicht aber nur die Richtung, in welcher Zimmern von Eppingen aus gelegen hat. Wenn eine Siedlung schon lange wüst lag, wurden *Kirche* und Friedhof noch benützt oder wenigstens instand gehalten, sie ist deshalb am ehesten auf Karten verzeichnet, vielleicht nur als Flurname „Wüste Kirche“.

Siedlungen

Ländliche Siedlungsformen

Gebäude sind auf Karten vollständig - wenn auch nicht immer auf dem neuesten Stand - und in kräftigem Schwarz verzeichnet. Ist die Bauweise und die durchschnittliche Kopfzahl je Familie bekannt, so läßt sich auf Karten im Maßstab 1:25 000 aus der Zahl der Häuser die Einwohnerzahl eines Dorfes abschätzen. Französische und belgische Karten geben über dem Namen der Siedlung ihre Kopfzahl in Tausend an. Wie dicht siedelt die Bevölkerung in den Raumeinheiten des Kartenausschnitts?

Weil sich Besitzgrenzen und erst recht Hofstellen nur unter erheblichem Aufwand umlegen lassen, hat sich das Muster der Siedlungen in langer Zeit entwickelt und nur selten (nach Kriegen, Bränden, fürstlichen Akten usw.) grundlegend verändert, die heutigen Grundrisse reichen weit in die Geschichte zurück. Schneller und sicherer überblicken wir den älteren Siedlungsstand auf alten Karten; sind diese vor 1750 gezeichnet, so sind sie wegen der ungenauen und unvollständigen Aufnahme nur mit Vorsicht zu interpretieren; oft sind Projekte eingezeichnet, die erst später oder überhaupt nie gebaut wurden. Auch auf modernen Karten werden nur die wichtigsten Änderungen nachgetragen (Straßen, größere Stadtrandsiedlungen usw.), während abgelegene Gebiete in einem Zustand wiedergegeben sind, der vielleicht zwanzig Jahre zurückliegt.

Über die Grundrißtypen, z. B. Streu- und Schwarmsiedlungen, Straßen- und Reihendörfer, Platz-, Sackgassen- und Haufendörfer, Schachbrett-, Netz- und orientalische Texturen gibt es eine umfangreiche Literatur, die NIEMEIER (1972, S. 34) übersichtlich zusammengefaßt hat, auch JÄGERS (1973) Skizzen lassen die Beziehungen rasch erkennen. Ausführlicher und mit zahlreichen Grundrißbeispielen stellt G. SCHWARZ (1961) Siedlungen und Flurformen vor, der Diercke-Weltatlas gibt die häufigsten Typen auf S. 38 wieder.

Liegen die Häuser *einzeln oder* als größere *Gruppen* in Form von Dörfern? Gibt es einerseits Dörfer, andererseits Kleinsiedlungen am Rand der Gemarkungen? Beide Verteilungen haben ihre Vorteile, im Einzelhof sind die innerbetrieblichen Transportwege kurz, der Markt i.w.S. liegt jedoch fern. Im allgemeinen sind die Dörfer alt und die Streusiedlungen stellen jüngere Ausbauten dar; denn selbst in Norwegen, wo schon seit jeher einzeln gesiedelt wurde, haben sich die älteren Hofgruppen durch Erbteilungen zu dorfähnlichen Gruppen verdichtet. Ein Dorf mit Kirche ist im Regelfall älter als ein Streuweiler mit Kapelle. Meist liegen die Dörfer auf dem besten Land, während die jüngeren Siedlungen mit schlechterem vorliebnehmen oder dieses erst durch Entwässerung oder Terrassierung erschließen mußten.

Streusiedlungen mit unregelmäßigem Wegenetz können alt (z.B. in Westfalen) oder ganz jung (Aussiedlerhöfe) sein. Wenn die einzelnen Häuser regellos verstreut sind, so ist zu fragen, ob ein unruhiges Relief und überall vorhandenes Wasser die individuelle Siedlungsweise erleichtert haben. Wenn die *Dörfer* vorherrschen, so mag die Seltenheit von Wasserstellen oder die Gefahr von Überschwemmungen eine gewisse Rolle gespielt haben, meistens haben jedoch politisch-organisatorische Vorgänge den Siedlungstyp bestimmt, Gewohnheit und Erbrecht die weitere Entwicklung. Eine geringe Zahl von Höfen auf großer Flur läßt auf Anerbensitte, dichtgedrängte, kleine Häuser oder gestreckte Gehöfte, Hakenhöfe und ähnliches in großen Haufendörfern auf Freiteilbarkeit des Grundbesitzes schließen. Reihen- und Einzelsiedlungen, deren Besitzgrenzen oft durch Entwässerunsgräben oder Wege erkennbar sind, zeigen nicht nur Individualbesitz an, sondern auch individuelle Bewirtschaftung. Demgegenüber haben sich in Dörfern manche Reste kollektiven Wirtschaftens erhalten (Wöhlke, 1969).

Lage

Wie liegen die Siedlungen im Relief, zum Wasser und zum Verkehrsnetz, stehen sie auf dem feuchtesten, trockensten oder bestgeschützten Platz? Bauern suchen sich einen trockenen Baugrund mit Zugang zu einem Bach oder zum Grundwasser und möglichst flaches Gelände für die Flur aus. Im Hügelland erfüllen flache Talmulden, in überschwemmungsgefährdeten Ebenen die Kiesrücken (Abb. 46) alle diese Bedingungen. Solche Rückensiedlungen heißen am Niederrhein -donk, in den englischen Marschen -ey.

Wenn sich mehrere Dörfer wie Perlen auf der Schnur reihen, so ist zu fragen, warum diese *Linie* so bevorzugt wurde. Besonders beliebt sind Quellhorizonte, in den Niederungen die Ketten von Dünen und die Schwemmkegel am Rand (Abb. 29), überhaupt die Grenzen zweier Naturräume, z.B. zwischen Marsch und Geest. Solche Gemarkungen haben dann Anteil an verschiedenem Nutzland; an diesen Grenzen

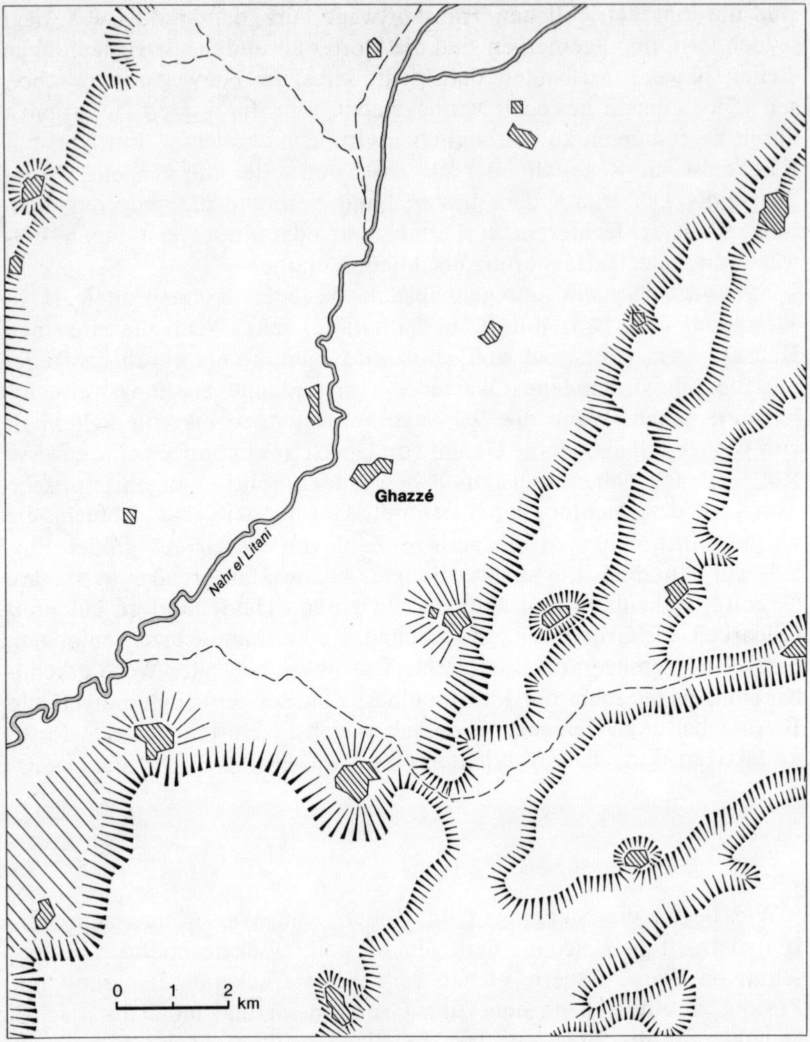

Abb. 46: Auf den Bergen liegen die Siedlungen auf Gesimsen, Spornen und Gipfeln; im Becken auf Schwemmfächern und Uferdämmen (nach der Karte des Libanon 1:50 000, Blatt 1-36-XII-4 b, Rachaya-Nord).

laufen auch die überörtlichen Verkehrswege entlang, die dann ihrerseits durch Handel und Verkehr den Orten zu einem stärkeren Wachstum verholfen, seltener die Gründung der Siedlung angeregt haben.

Wenn diese Bedingungen nur zum Teil erfüllt sind, müssen wir nach einem Grund suchen. Das Dorf „Neufels“ liegt auf einem Muschelkalksporn und muß weite Wege zur Flur und zum Wasser in Kauf nehmen; es war eine Siedlung von Burgmannen und trägt den Namen der Burg (Burgweiler). Hat eine Rodungsinsel nur eine geringe landwirtschaftliche Fläche, so kann sie von Bergleuten, Forstarbeitern oder ähnlichen angelegt worden sein. Eine Siedlung in engem Tal mit dem Namen „Halbmeil" hat sich vielleicht aus einem Straßenwirtshaus auf halber Strecke, „Eisental" aus einer Bergarbeitersiedlung und „Ziegelhausen" aus einer Ziegelei entwickelt.

Manche Niederungen wurden von den Siedlern gemieden, weil Überflutungen durch Fluß oder Meer drohten, weil im Sumpf Fiebermücken leben oder weil das Land durch Kriegszüge verheert worden war. Die Menschen siedeln am Hang, auf Plateaus oder Spornen (Abb. 46). Um diese festungsartigen Großdörfer sind oft später neue Weiler entstanden oder man hat jetzt in der Ebene geometrische Siedlungen gegründet. Im Normalfall jedoch rückte man erst ins *Gebirge* hinauf, wenn die Bevölkerung in den günstigeren Gebieten zu stark verdichtet war. Ist bei den Bergdörfern eine andere Wirtschaftsform zu erkennen? Durch Weidewirtschaft und Baumkulturen, schließlich durch Terrassen, lassen sich auch steile Hänge nutzen. Namen wie „Walchsee" in den Alpen (und „Sasbachwalhen" auf Abb. 44), weisen darauf hin, daß hier eine aus dem Vorland verdrängte keltoromanische Bevölkerung in einem entlegenen Gebirgstal (bei schon vorher dort sitzenden Stammesgenossen?) Zuflucht gefunden hat.

Grundriß

Für die Gestaltung eines Dorfgrundrisses gibt es zahllose Möglichkeiten; unter diesen bot die *Kreisform* innerhalb von Dorfzäunen („Etter", gegen das Weidevieh auf der Brachzelge), Wällen (gegen Feinde) oder Wurten (gegen Meeresüberflutung) den meisten Raum bei kleinstem Umfang. *Lineare* Anordnungen können durch Täler, Hangfuß, Dünen, Kiesrücken, natürliche oder künstliche Dämme (Abb. 46) oder durch ältere Straßen vorgegeben, aber auch geplant sein, z. B. bei Wald-, Marsch- und Moorhufendörfern, Anger- und Straßendörfern. Hufensiedlungen sind oft durch Erbteilungen sekundär verdichtet, der ursprüngliche Plan ist aber trotzdem herauszulesen.

Sind die Hausplätze, Grenzen und Wege über den Daumen abgesteckt oder ist das Lineal des Geometers zu erkennen, die Siedlung also erst nach 1600 gegründet worden? Ist sie eine Kolonie auf vorher nicht nutzbarem Land? Die Besiedlung wurde vom Grundherrn, kapitalkräftigen, wagemutigen Unternehmern oder von bäuerlichen Genossenschaften organisiert, z. B. nach der Eindeichung von Marschen, nach der Entwässerung von Mooren oder nach der Erschließung von größeren

Urwaldgebieten. Im 18. und 19. Jh. wurde häufig der damals regierende Fürst oder seine Gemahlin in den Namen der Siedlung eingesetzt (Karlshuld, Luisenkoog). In anderen Naturräumen sind vielleicht die großen Gebäude eines Gutes zu erkennen, dessen Flur später geometrisch parzelliert und durch Neubauern aufgesiedelt worden ist.

Neben den planmäßigen Reihensiedlungen gibt es auch solche, die ohne jede Organisation und im Lauf größerer Zeiträume entstanden sind. Wenn keine alten Dörfer in dieser Gegend vorkommen, müssen die Siedler aus anderen Räumen zugewandert sein. Im Beispiel Serankada (Abb. 47) sind die Staudämme und buddhistischen Tempel im 13. Jh. zerfallen. Mit dem Straßenbau unter englischer Herrschaft (um 1830) begann die Neubesiedlung. Die Aufforstung mit Teakbäumen ist nach Art (Reinbestand) und Umfang als staatliche Maßnahme zu betrachten. Häuser der Pflanzer sind nicht eingetragen, weil diese nur während der dreijährigen Pflegezeit dort wohnen und Gewürze anbauen durften.

Abb. 47: Reihensiedlung Serankada in Ostceylon. Die Tempelruinen und verfallenen Staudämme sind Reste älterer Dörfer in einer Zone mit mehreren Trockenmonaten. Teak-Forsten ohne Dauersiedlung. Felsige Inselberge überragen eine Rumpffläche um bis zu 200 m. Weiße Flächen bedeuten Wald (nach der Karte von Ceylon 1 : 63 360, Blatt I 13, 14, 18, 19 Maha Oya).

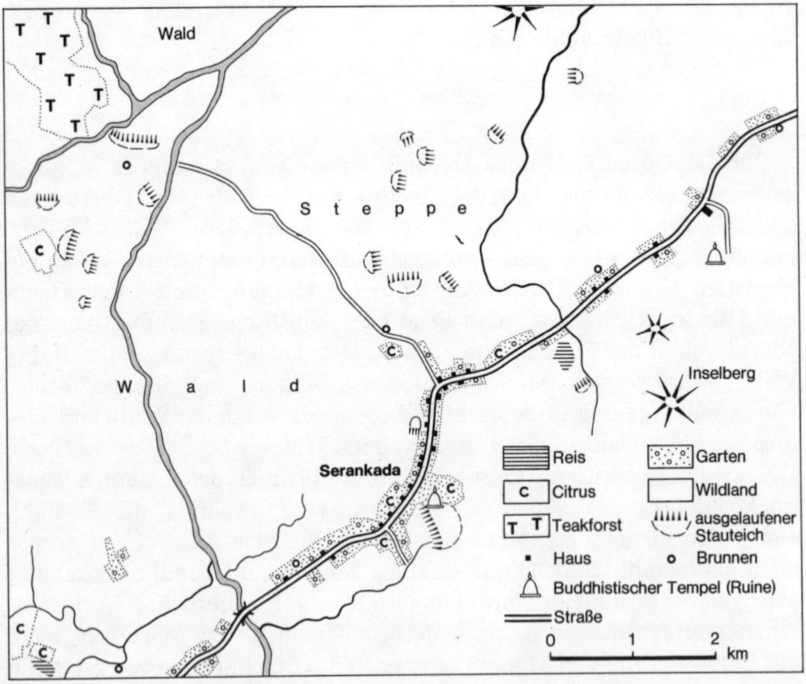

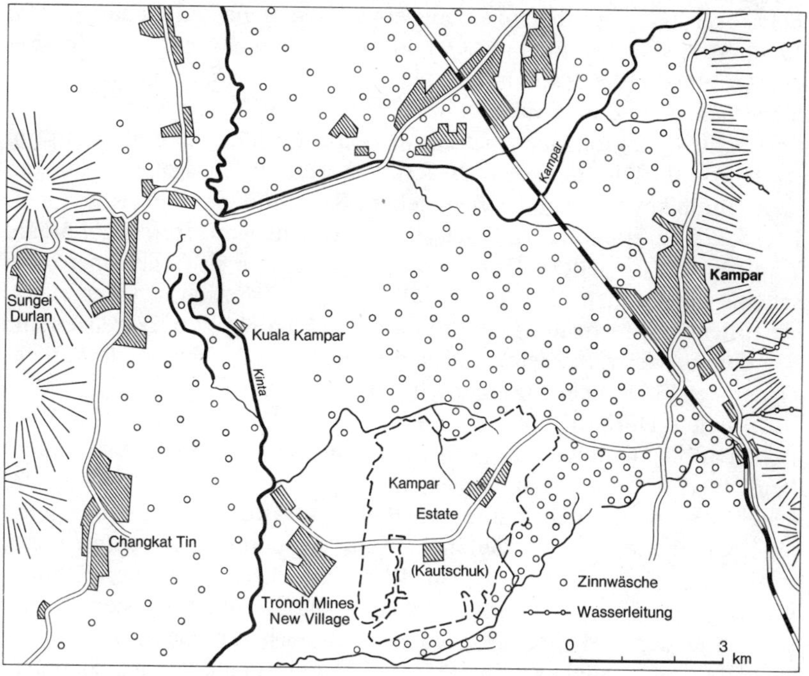

Abb. 48: Siedlungen in verschiedener Lage, mit verschiedenen Grundrissen und Funktionen (nach der Karte von Malaysia 1:63 360, Blatt Kampar).

Im Beispiel Kampar (Abb. 48) wiegen dagegen die geschlossenen Haufendörfer vor. Nur in der Schwemmebene gibt es einige Weiler, die sich wohl erst in jüngster Zeit hierher vorgewagt haben. Zu ihnen treten noch zwei große Arbeitersiedlungen, von denen aus der Abbau von Zinnstein in den Flußsanden und die Kautschukbäume des „Kampar Estate" betreut werden. Noch jünger dürfte das geometrische Dorf Sungei Durlan sein, vermutlich wurde es nach 1950 als Festung angelegt. Alle Bäche des Berglandes werden in Bewässerungskanäle der Schwemmebene übergeleitet.

Zur Zeit ihrer Gründung bestanden die meisten mitteleuropäischen Dörfer aus Weilern zu je einigen Gehöften; ab 1000 n. Chr. wurden sie zu großen Dörfern zusammengezogen, manche sind auch einfach zusammengewachsen. Sind im Grundriß noch mehrere Kerne (eng gebaut, z. T. mit Kirche, Mühle, Schloß) zu erkennen?

Falls die Gemarkungsgrenzen eines Dorfes eingetragen sind, läßt sich die landwirtschaftliche Nutzfläche planimetrieren oder grob schätzen und durch die Zahl der Hofstellen teilen. Eine solche „durchschnittliche

Betriebsgröße“ sagt aber nur dann etwas aus, wenn die Gebäude etwa gleich groß sind. Ist auch der Gehöftgrundriß gleichartig, dann sind bei der Gründung die Bauern mit gleichem Besitz ausgestattet worden. Sicherlich sind durch Erbteilungen und Verkäufe die Betriebe heute unterschiedlich groß, aber die Sozialstruktur dürfte noch homogen sein. Andererseits fällt in vielen Dörfern ein Hof durch große Stallungen oder ähnliches als *Großbetrieb* neben Bauernhöfen oder Katen auf. Diese Güter stammen vielfach von den einstigen Herrenhöfen ab. Kommen sie in jedem Dorf vor oder fehlen sie in Teilräumen? Erscheint die Grenze historisch-zufällig (z. B. klösterliches neben ritterschaftlichem Territorium) oder lehnt sie sich an physische Grenzen an? Ein Gebirge ist z. B. später und meist rein bäuerlich besiedelt worden, eignet sich auch nicht für einen Großbetrieb.

In vielen Dörfern gibt es mehr als zwei Betriebsgrößen. Im Kern stehen große Gehöfte, die von kleineren Einhäusern umgeben sind. Manchmal besteht dieser Außengürtel nur aus Scheunen, z. B. in der Oberpfalz und in der Warburger Börde. Meistens wohnte dort eine unterbäuerliche Schicht (Taglöhner, Seldner), deren Nachkommen jetzt in die Industrieorte pendeln. Schließlich wurden ganz außen reine Wohnhäuser planmäßig aufgereiht. Je dichter die Bevölkerung siedelt, und je leichter der Verkehr zum nächsten Ballungsraum fließt, um so eher verstädtert ein solches Dorf. Sind die Dreiseitgehöfte des Kerns in Hakenhöfe geteilt, hat sich bereits Industrie am Dorfrand, Bahn- oder Straßenknoten angesiedelt? Vergleichen wir die Zahl der landwirtschaftlichen und der nichtlandwirtschaftlichen Gebäude und beziehen sie auf die Größe der Flur und deren Höhen- und Breitenlage, so läßt sich die Sozialstruktur einer solchen Siedlung abschätzen. Um welchen Ortskern sind die meisten jüngeren Straßenzeilen herumgelegt? Wenn der Grundriß des Orts in seinem Kern verändert erscheint und Industrie enthält, ist damit zu rechnen, daß viele landwirtschaftliche Gehöfte zu gewerblichen Betrieben oder Mietwohnhäusern umgebaut worden sind, ohne daß dies sichtbar würde.

Bei den *Streusiedlungen* schauen wir zuerst, ob ein verdichteter Ortskern vorliegt, und ob sie einen typischen Dorfnamen tragen (s. Seite 84). Hat jeder Hof einen eigenen Namen, so dürfen wir ein ehrwürdiges Alter, eine stattliche Größe und einen gesunden Bauernstolz annehmen. Wenn eine Siedlung „Holthauser Mark“ heißt, dann haben Siedler aus Holthausen einzelne Stücke aus dem Gemeinschaftsbesitz (Allmende, Brink, gemeine Mark) gerodet. Ist der Name einer Neusiedlung aufrecht geschrieben, so ist sie zu einer selbständigen politischen Gemeinde angewachsen. Fehlt ein Name überhaupt, wohnen die Bauern vielleicht nur im Sommer dort; kleine Häuser im Moor oder im Gebirge könnten Heuschober oder Almen sein. Saisonsiedlungen werden nur auf norwegischen Karten durch eine eigene Signatur gekennzeichnet. Manches Almdorf ist jetzt zu einer Feriensiedlung geworden; auch viele lockere Häuserreihen an Wasser oder Wald sind so aufzufassen. Es wäre an der Zeit, Wochenendhäuser, Feriendörfer und andere nur zeitweilig bewohnte Siedlungen durch eine eigene Signatur zu kennzeichnen; z. B. durch nicht vollschwarzen Grundriß. Von diesen Freizeitsiedlungen abgesehen verstädtern Einzelhofgebiete kaum; die Ausnahmen sind leicht durch die Nähe einer Großstadt, durch Bergbau oder ähnliches zu erklären.

Manche Streusiedlungen tragen Dorfnamen und besitzen einen Kern mit Kirche, Schule, Gasthaus, Handwerkern und einigen Bauernhöfen. Wenn in den Dörfern im Lauf vieler Erbteilungen die Flur zersplittert und der umgebende Wald immer weiter zurückgedrängt worden war, so daß die Wege zu den Feldern immer länger wurden, haben manche Landesherren die Dörfer aufgelöst; im Allgäu organisierte das Hochstift Kempten, in Dänemark und Schweden die Krone die Aussiedlung.

Mancher Einzelhof läßt in seinem Grundriß oder Namen erkennen, daß er aus einem *Kloster* hervorgegangen ist, dasselbe gilt für manches Dorf. Solche Klosterweiler zeichnen sich heute noch durch eine gute Ausstattung mit Handwerkern, Künstlern oder Läden (z. B. Apotheke) aus. Oft erinnert aber nur noch eine „Klostermühle", ein „Frauenholz", ein vereinzelter, längst aufgelassener „Weinberg" oder nur noch der Namen an die geistliche Gründung des Orts. Bestehende Klöster, Wallfahrtskirchen, Feldkapellen und -kreuze deuten auf eine überwiegend katholische Bevölkerung. Wo diese Zeichen aussetzen (Abb. 49), sind die Siedlungen der konfessionellen Minderheit manchmal mehr gewerblich orientiert. Kartenausschnitte, auf denen sich mehrere Konfessionen manifestieren, sind Abb. 55 (Südceylon), ähnlich die Seite 94 (Jerusalem) im *Diercke-Weltatlas.*

Flurformen

Die Flurformen können wir vorerst nur dort erkennen, wo Wege oder Entwässerungsgräben die Grenzen betonen. Ein regelmäßiges Wegenetz kann Blöcke, aber auch Blockgewanne, einschließen. Geometrische Netze kommen bei Moorkolonien seit dem 18. Jahrhundert vor, bei Flurbereinigungen seit dem 19. Jahrhundert (Näheres s. G. SCHWARZ, 1961). Nachdem jetzt in immer mehr Gemeinden die schmalen Parzellen zu breiteren Streifen oder Blöcken zusammengelegt werden, wäre es an der Zeit, die Parzellengrenzen aus der Deutschen Grundkarte 1:5000 oder Katasterplankarte auch in die Topographische Karte 1:25 000 zu übertragen.

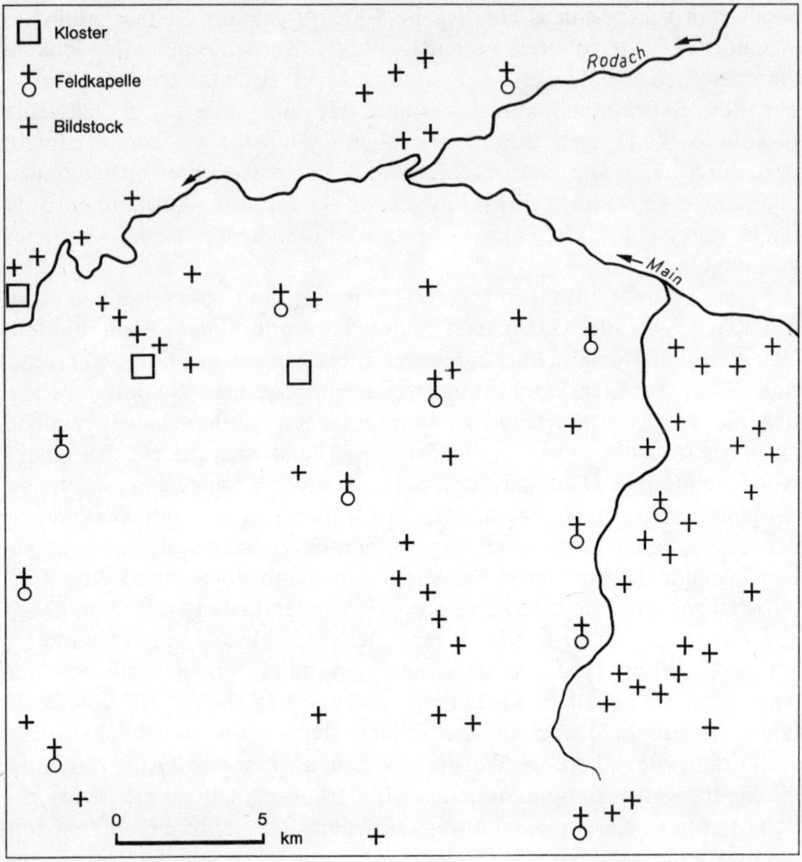

Abb. 49: Die für katholische Territorien typischen Merkmale setzen im NO aus, Rodach und Main grenzten einen Reichsritterbesitz gegen das Hochstift Bamberg ab.

Laufen die Parzellen einer Gewannflur alle in der gleichen Richtung oder sind die Streifen besonders lang, so handelt es sich um planmäßig gerodetes, sehr altes Ackerland. Eine kreuzlaufende Flur kann durch sukzessive Rodung oder durch Erbteilung von Blöcken entstanden sein. Aus schachbrettartigen Stadtgrundrissen entwickelten die Chinesen (seit 500 v. Chr.) und Römer (seit 3. Jh. v. Chr.) quadratische Flursysteme, die seit 645 n. Chr. auch nach Japan übertragen wurden (Abb. 61), seit 1784 in die Vereinigten Staaten, im 19. Jh. nach Indien und Argentinien (Abb. 50). Sind sie nach Norden, nach einer Straße oder nach einem Fluß ausgerichtet? Sind sie sekundär aufgeteilt (NITZ 1972)?

Oft läßt sich der Rodungsvorgang noch aus den Flurnamen rekonstruieren. In der Nähe des Dorfes liegen die ältesten Blöcke (Brühl, Breite, Herrschaftswiesen), dann vielleicht eine „Röte“, ein „Abhau“ oder „Asang“ (abgesengt=Brand) und schließlich außen geometrisch parzellierte „Vierzigstücker“, „Lose“, oder ähnliches.

Abb. 50: Geometrische Flur in der Provinz Entre Rios. Die Namen der bäuerlichen Siedler sind gemischt. Der Schachbrett-Grundriß der kolonialspanischen Stadt mit Diagonalen und Plaza ist erst zu 20% bebaut (nach der Karte von Argentinien 1 : 50000, Blatt 3160-27-4, Gobernador Racedo).

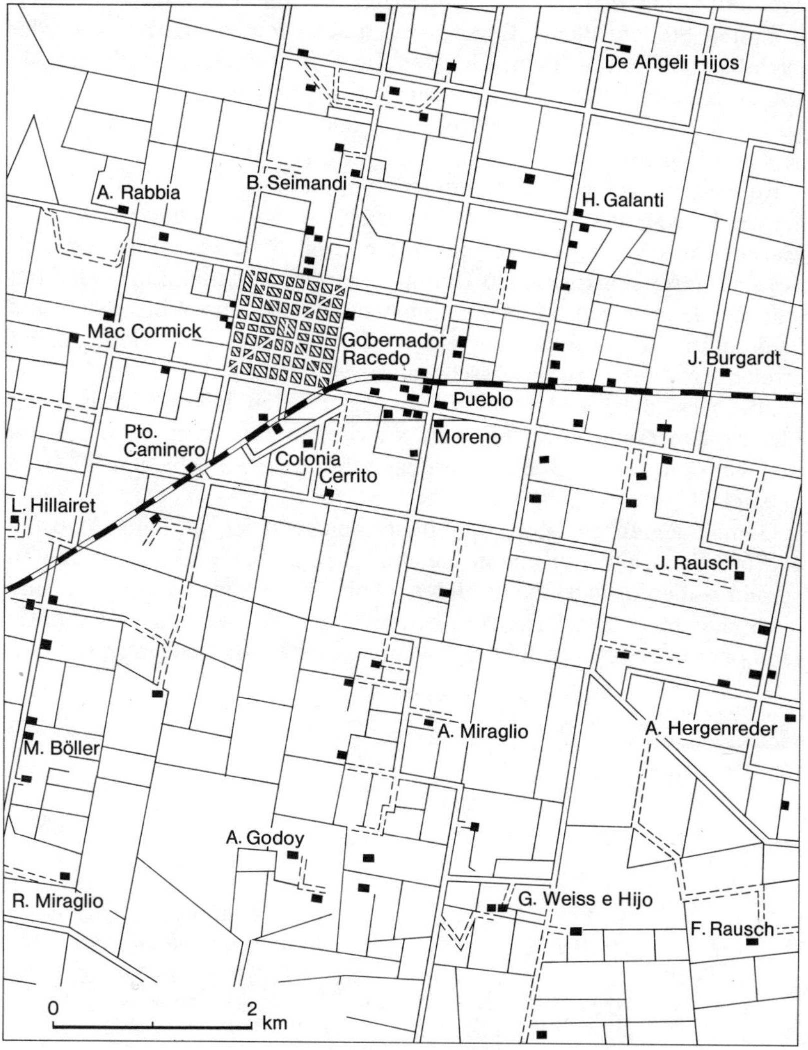

Schwarz gezeichnete Grenzlinien sind leicht mit Wegen zu verwechseln, daher ist ein Hilfskärtchen am Rand wirklich eine Hilfe. Zuerst prüfen wir, ob sich die Grenzen an natürliche Linien anlehnen oder geometrisch verlaufen. Die geraden Linien sind meist erst im 19. und 20. Jh. gezogen worden, z.B. in Mooren, die vorher zwei Territorien geschieden haben. Laufen die Grenzen auf Wasserscheiden, so haben sie sich durch talaufwärts vorstoßende Besiedlung ergeben. Im Hochgebirge queren manche Provinzgrenzen die Täler an engen oder versumpften Stellen, diese „Engen" waren schwerer zu passieren als der nächste Paß. Zerschneiden Grenzen Becken und Täler, so deuten sie auf die zufällige Entwicklung zweier Territorien hin. Dreiländerecken können besonders entlegen (Dreisessel) oder besonders begehrt (Bodensee) gewesen sein.

Reichen Siedlungen und Industrien unbehindert über eine Staatsgrenze hinweg und sind viele Übergänge geöffnet, oder werden die Maschen des Verkehrsnetzes gegen die Grenze zu weiter? Unterscheidet sich unter sonst gleichen Geofaktoren das Kartenbild diesseits und jenseits, dann haben die beiden Staaten verschiedene Wirtschafts- und Siedlungspolitik verfolgt oder einen verschiedenen Entwicklungsstand erreicht. An der norwegisch-schwedischen Grenze ist der Westen stets dichter besiedelt, weil man in Norwegen jeden halbwegs nutzbaren Fleck roden mußte. An der Grenze zwischen den Vereinigten Staaten und Mexico sind die Bewässerungssysteme in verschiedenem Grad entwickelt.

Gemeindegrenzen sind auf deutschen Karten nur im Maßstab 1:25000 dargestellt. In einem gleichmäßig nutzbaren Gelände müßten sie ein wabenförmiges Netz bilden (Abb. 51). Kleine Markungen sind nachträglich aus den Urmarken herausgeschnitten worden, z.B. die des Dorfs nordwestlich von Bicske. Besonders große Markungen (z.B. Soest

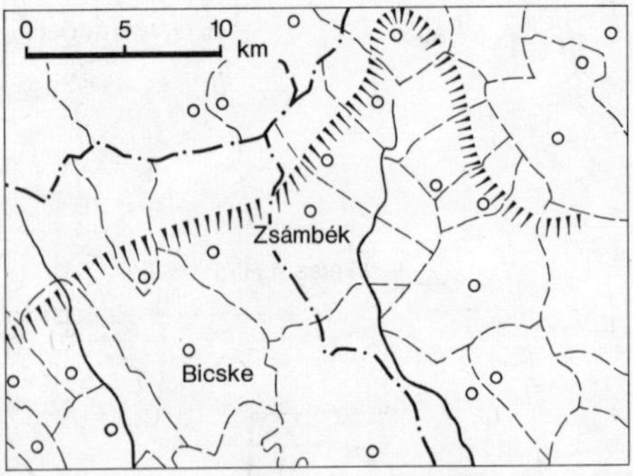

Abb. 51: Gemarkungsgrenzen im Donaukniegebirge und im Zsambeker Becken westlich von Budapest (nach der Karte von Ungarn 1:500000).

Westfalen) haben die Fluren wüstgefallener Dörfer in sich aufgenommen. Laufen die Gemeindegrenzen im Feld unregelmäßig, im Wald dagegen geometrisch, dann wurde der Wald einst gemeinsam beweidet und die „Hardt“ erst in neuerer Zeit aufgeteilt (Oderwald bei Wolfenbüttel).

Einzeln stehende Kirchen und Klöster

Die St. Gangolfs-Kirche in der Flur „Dietingen“ erinnert an ein wüstgefallenes Dorf. In Meimsheim steht die Kirche abseits vom Dorfkern an einem Straßenknoten, den schon die Römer angelegt hatten und der heute noch durch eine Gerichtslinde betont wird. Ebenso wie die Thingstätte diente die Kirche früher mehreren Dörfern gemeinsam. Steht eine Kirche auf einem beherrschenden Berg, so mag aus einem Wotans- ein Michaelsberg, aus einem Donars- ein Petersberg geworden sein; viele dieser Kirchen sind in katholischen Gebieten noch heute wohlgepflegt, während sie in protestantischen Räumen meist verschwunden sind. Andere Wallfahrtsplätze kamen erst im Mittelalter oder in der Neuzeit auf. Kirchen in idyllischen Talenden oder auf Inseln in Flüssen und Seen sind Reste von Klöstern. Kirchen innerhalb von Fabriken deuten an, daß bei der Säkularisation von Klöstern (meist 1803) die Klostergebäude an Unternehmer verkauft worden sind (Mettlach). In manchen Domänen („Dom.“) sind noch Teile des quadratischen Klostergrundrisses zu erkennen.

Burgen und Festungen

Wasserburgen können sehr alt sein, Höhenburgen entstanden erst seit dem 11. Jahrhundert. Ist die Anlage im Maßstab 1:50000 nur durch ein Symbol dargestellt, so wird es sich um eine kleine Burg des niederen Adels gehandelt haben. Im Grundriß wiedergegebene Bauwerke mit einer angelehnten Siedlung dienten einem Fürsten als Sitz. Stehen tiefgestaffelte Mauerzüge auf einsamen, aber beherrschenden Vorsprüngen, so handelt es sich um landesherrliche Festungen; Sternbastionen weisen auf das 18. Jahrhundert, einzeln stehende Forts auf das 19 Jahrhundert.

Die aus den kleinen Adelssitzen hervorgegangenen Schlösser können breit gestreut sein, hier wirkte die Feudalstruktur noch lange in der Besitzverteilung nach. Zeigt der Kartenausschnitt dagegen nur eines oder zwei große Schlösser, so wurden diese von einem starken Territorialfürsten gebaut. Fehlen Schlösser und Burgen ganz, in Nordeuropa z.B. vom 62. Breitengrad an, so ist das Land erst in der Neuzeit besiedelt worden.

Städte

Als Siedlungsplatz für Handel und Handwerk (HOFMEISTER 1972) waren die Städte einst aus dem Kreis der Dörfer rechtlich herausgehoben; die Kartographen trugen dem Rechnung, indem sie die Stadtnamen mit Großbuchstaben schrieben. Zur Zeit verschwimmen die Unterschiede zwischen Städten und Dörfern, konsequenterweise bemessen die Schweizer Kartographen die Schriftgröße nur nach der Einwohnerzahl und verwenden erst ab 10000 Einwohner Großbuchstaben, die französischen schon ab 5000. Klein gebliebene alte Städte lassen sich hier nur am engen Grundriß erkennen.

Verteilung

Die Städtedichte wird meist durch die Fläche ausgedrückt, auf die im Durchschnitt 1 Stadt kommt (Thüringen 150 km^2, Mecklenburg 335 km^2 nach G. SCHWARZ, 1961). Eine geringe Dichte spricht für eine bäuerliche Selbstversorgerwirtschaft mit geringen Überschüssen, eine hohe für eine landwirtschaftliche oder gewerbliche Marktproduktion, die einen Handel erfordert, am bekanntesten sind die Städtereihen der Weinbaugebiete (Neckarbecken 1 Stadt auf 50 km^2). Ist eine geringe Dichte mit einer geringen Größe der Städte verknüpft? Liegen dagegen kleine alte Städte dicht nebeneinander, so befinden wir uns in einem Altsiedelland, das schon um 1500 weit entwickelt war; folgen in Abständen von wenigen Kilometern mehrere Städte an einer Linie, so wollten mehrere Herren von einem Handelsweg profitieren. Liegen sie dagegen abseits, lehnen sich an Burgen oder Schlösser an, so haben Herren des niederen Adels in der Städtegründung den Hochadel nachgeahmt. Gehört zu den Städten gar keine Flur und enden ihre Namen auf -berg, so sind es ehemalige Bergbaustädte (Erzgebirge); Städtereihen mit lockerem oder geometrischem Grundriß deuten auf eine junge Entwicklung von Bergbau und Industrie (St. Etienne-Lyon).

In welchem Größenverhältnis stehen Kern und jüngere Viertel zueinander? Wenn eine Stadt über ihren mitelalterlichen Kern nur wenig hinausgewachsen ist, so kann das von einer ungünstigen Lage herrühren (z.B. Sporne, Enden von Tälern), oder es wurde nach der Gründung in der Nähe eine Grenze gezogen, die Bodenschätze können erschöpft, ein Hafen versandet sein. Hat vielleicht ein Fürst in der Nähe eine neue Stadt gegründet, dort die Verwaltung zentralisiert und die Gewerbe durch Privilegien gefördert? Oder waren die Bürger der Konkurrenzstadt aktiver? Burgdorf im Emmental holte z.B. im 19. Jh. unter großen Opfern eine Eisenbahnlinie an seine Mauern heran.

Wenn unter 20 Dörfern nur eine Stadt ist, wird diese ein *zentraler* Ort sein, auch wenn ihre Fläche nicht größer als die eines benachbarten Haufendorfes ist. In Streusiedlungsgebieten besitzt überhaupt jeder dichtbebaute Ort eine Zentralität unterer Stufe. Stehen mehrere Städte miteinander im Wettbewerb, so dürften in der ältesten (mit dem größten Kern) die meisten Dienstleistungsbetriebe sein, während große Orte, die aber nur locker mit neuen Wohnhäusern bebaut sind, ihrer Umgebung nur wenig bieten.

Lage und Namen

Oft lassen sich die Motive der Stadtgründung (Gewerbe, Handel, Festung) noch aus den Namen erschließen, vielfach wurden diese bewußt gegeben, um den Zweck auszudrücken. Bei einer Stadt auf einem Bergsporn oder auf einer Insel wissen wir sofort, daß eine leicht zu verteidigende Lage aufgesucht wurde. Ob eine Stadt auf einer Landenge den Verkehrsweg beherrschen oder als Rastplatz dienen sollte, wird wohl ineinandergreifen. Die Verkehrslage zu beurteilen ist schwieriger, als es auf den ersten Blick scheint. Oft sind die Verkehrslinien jünger und also sekundär auf die Stadt zentriert. Die „günstige Lage" (G. SCHWARZ, 1961) galt also zur Zeit der Gründung noch nicht oder nur teilweise. Hier zählen nur Verkehrswege, die sich an einen Paß, einen Gebirgsfuß, eine Flußterrasse oder einen besonders bequemen Flußübergang halten. Daß Brücke und Stadt Bobruisk (Abb. 52) gerade hier angelegt wurden, könnte Zufall oder Fürstenlaune sein; der W-O-Weg ist aber im W zwischen zwei Sümpfen festgelegt und könnte ein alter Fernweg sein. Einer mangelnden Verkehrsgunst haben Fürsten und Parlamente oft durch Hereinziehen von Straßen und Eisenbahnen nachgeholfen, was auf Karten z. T. daran zu erkennen ist, wenn die Linien ohne ersichtlichen Grund zu einer Stadt abschwenken. Gleichmäßig verteilte Städte sollen ihre lokalen Märkte bedienen. Solche, die zwischen der Wirtschaft zweier Naturräume vermitteln, haben sich besonders gut entwickelt. Wenn eine Stadt an einem *Fluß* liegt, ist zu fragen, ob sie nur dessen Schutz sucht, ihn als Kraftquelle ausnützt oder ob er auf einer Furt oder über Inseln hinweg leicht zu überschreiten ist (Abb. 41). Engen felsige Ufer oder Terrassensporne eine sumpfige Niederung ein? Quert hier ein alter Höhenweg das Tal? Mußten an dieser Stelle Waren von einem Verkehrsmittel auf ein anders umgeschlagen werden? Stehen den günstigen Faktoren auch ungünstige gegenüber?

Manche Städte haben typische Dorfnamen (z. B. Düsseldorf, Groningen), einige davon auch dörfliche Grundrisse (Großsachsenheim).

Hier ist eine landwirtschaftliche Siedlung durch einen Grundherrn zur Stadt erhoben worden oder allmählich durch kommerzielle Entwicklung angewachsen. Bei Rottweil, Schongau und anderen süddeutschen Städten liegen Dörfer namens „Altstadt“ oder „Altenstadt“, neben „Altensteig-Stadt“ ist „Altensteig-Dorf“. Der Name und ein Teil der Bewohner wurden aus dem Dorf in die neugegründete Stadt übertragen, ohne daß das alte Dorf ganz aufgegeben wurde. Neben anderen Städten blieben dagegen nur Kirche und Friedhof des Dorfes erhalten.

Abb. 52: Brückenstadt mit typischem Halbring-Wachstum. Die Lage ist nicht physisch zu begründen, sondern nur als Zwischenpunkt eines W-O-Wegs. Die Brücke zieht sekundäre Wege an sich (nach der russischen Karte 1:100 000, Blatt N-35-107 Bobruisk, von 1936).

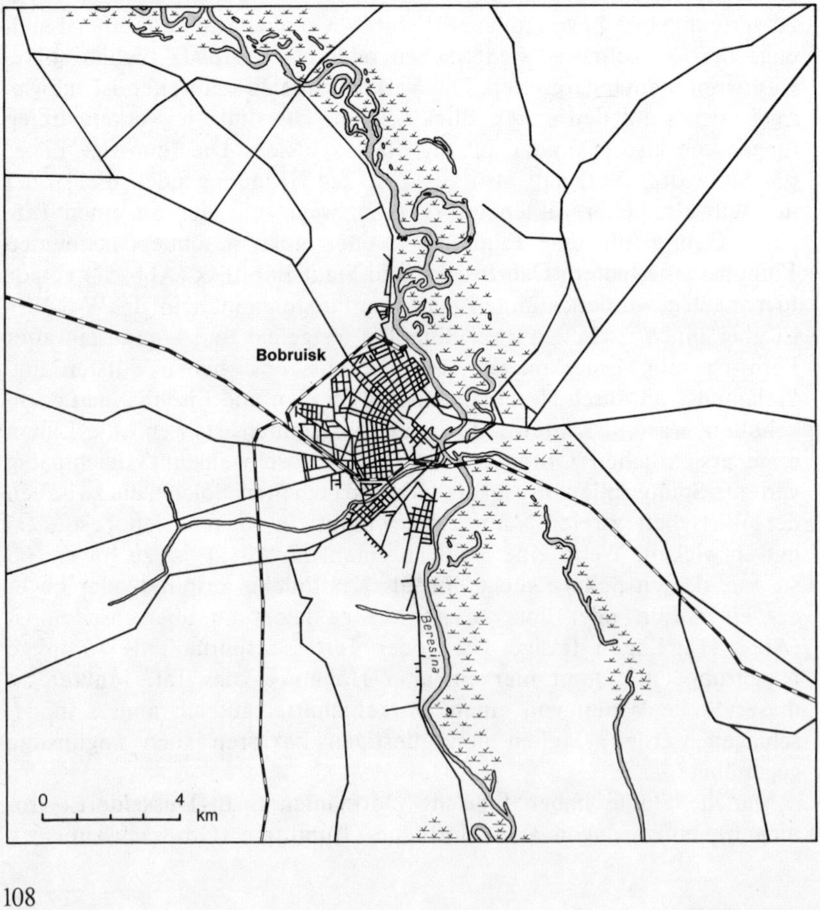

Grundriß

Bei vielen Städten kommen wir mit dem Grundriß - vor allem wenn wir ältere Karten betrachten - näher an den Ursprung heran als mit anderen Geschichtsquellen, weil selbst nach Großbränden die Hausparzellen nur selten umgelegt worden sind. Für die einzelnen Grundrißtypen bringen Egli (1959/62), Keyser (1958), G. Schwarz (1961) und Wirth (1966) zahlreiche Beispiele. Ist ein Kern dichter bebaut als die Außenzone, dann dürfte die Stadt vor 1600 gegründet und befestigt gewesen sein, denn das kostbare Innere eines Mauerrings wurde intensiv ausgenutzt. Die Bürger haben sich selbst gegen fremde Gewalt geschützt, während in Nord- oder Osteuropa die Befestigung allenfalls *neben* der Stadt steht, die von Königen oder Zaren für eine reine Marktfunktion gegründet worden ist (Wöhlke, 1969). Bei vielen deutschen Städten erinnert nur noch ein breiter Straßenring an Mauer und Graben, die in der Ebene und bei radialem Straßenmuster kreisförmig verliefen. Wo heute die Ausfallstraßen beginnen, standen einst die Tore. Durchqueren gerade Straßenzüge die Stadt, so können sie von alten Fernwegen abstammen. Reicht ein Straßenstern aber nur bis zum nächsten Dorfring, wurde er erst nach Gründung der Stadt angelegt oder geht auf ein dörfliches Radialwegenetz zurück. Langgestreckte Altstädte können durch eine Straße, dreieckige durch einen Geländesporn vorgegeben gewesen sein. Auch alte Städte sind oft planvoll gegründet worden, das Straßengitter ist aber nach Augenmaß im Gelände abgesteckt worden; die Pläne für jüngere Städte (vereinzelt ab 1200, vor allem dann ab 1600) entstanden auf dem Reißbrett, ihre Kerne erscheinen daher streng geometrisch.

Die meisten Städte sind von einem einzigen Kern aus gewachsen; bei manchen Grundrissen sind aber mehrere dichtbebaute, wenig regelmäßig angeordnete Baublöcke zu erkennen (Rostock, Braunschweig, s. Karte 37/10 im Diercke-Weltatlas), oft hat jeder Kern seine eigene Kirche. Stehen sich Gründungen rivalisierender Herren, geistliche und Bürgerstadt oder nur „Alt-" und „Neu-" gegenüber? In vielen Städten (Heilbronn) ist im 14. Jh. an eine radial gewachsene älteste Stadt eine rechteckig aufgeteilte Neustadt angefügt.

Orientiert sich das Straßengitter an einer Fernstraße (Bobruisk Abb. 52), Eisenbahn (Albuquerque, New Mexico), am Ufer eines Flusses, Bewässerungskanals, Sees oder Meeres? Ist eine Schachbrett-Textur noch von einem Mauerquadrat umgürtet gewesen (Como)? Die nordeuropäischen Städte lassen nur selten Spuren einer Mauer erkennen, dort liegt die Festung *neben* der Stadt. In amerikanischen Ebenen sind viele Gitter nach den Himmelsrichtungen orientiert, in Baton Rouge und Ithaca (ältere Städte) nach Magnetisch-Nord, in

Washington/DC. u.a. jüngeren Städten nach Geographisch-Nord. Die junge Stadt hat sich also in die quadratische Aufteilung des Neulandes eingefügt; bei älteren Städten gilt dies nur für die Außenviertel. Die kolonialspanischen Städte erkennt man an den zusätzlichen Diagonalstraßen und der großen Plaza in der Mitte (Abb. 50). Philipp II. hat 1573 angeordnet, eine Ecke der Plaza nach der vorherrschenden Windrichtung auszurichten, um die Straßen des Hauptgitters vor Wind zu schützen. Diagonalen kamen erst im 19. Jh. auf. In Detroit lassen sich vier Muster herausschälen: Indianerpfade, eine sternförmige französische Planung mit dreieckigen Sektoren-Baublöcken, Ufer-Hufen der bäuerlichen französischen Kolonisten und schließlich die übliche Schachbrett-Textur.

Nicht jede geometrisch angelegte Stadt ist in der Barockzeit oder später gegründet worden, oft erinnert der Name (z.B. Balingen) an eine ältere Stadt, deren Grundriß nach einem Brand völlig umgelegt worden ist. Geometrische Festungssterne sind nur ausnahmsweise Teil von barocken Stadtgründungen (Naarden, Niederlande), meist sind diese Bastionen um bestehende ältere Städte im 17. oder 18. Jahrhundert herumgebaut worden und dienen heute als Parks (Frankfurt), manchmal erinnern nur einige gewinkelte Wassergräben an die Befestigung.

Dreiecks- und Straßen-*Märkte* können älter als die Stadt sein, die sich erst im Anschluß entwickelt hat (einige alte Städte Südwestdeutschlands). Mancher quadratische Platz ist erst nachträglich freigeräumt worden. Nur wo ein Markt in der Mitte der Altstadt voll in das Straßensystem integriert ist (Abb. 41), können wir eine Marktgründung annehmen. In den ostdeutschen Städten sind z.B. Baublöcke ausgespart. Liegt der Markt am Rand der Altstadt (Orient, Abb. 53), so erinnert seine Lage an das wichtigste Eingangstor und an gegenseitiges Mißtrauen. Bestehen mehrere Plätze, so waren sie auf Vieh, Heu, Korn, Gemüse, Töpferwaren usw. spezialisiert (Braunschweig). Auf den freien Plätzen vor Kirchen wurde dagegen kein Markt gehalten, sie haben ursprünglich als Friedhöfe gedient.

Die *Uferfronten* sind nur selten original, Flüsse und Seebrandung können ganze Straßenzeilen weggespült haben (Zug/Schweiz), häufiger wurde Bauaushub, Brandschutt und ähnliches am Ufer aufgeschüttet, um neues Bauland zu gewinnen (London).

Vorstädte und *Vororte:* Das explosionsartige Anwachsen der Bevölkerung seit 1800 kam vorwiegend den Städten zugute und hat sich in der Ausdehnung der einzelnen Viertel niedergeschlagen. Jede Epoche hatte eigene Vorstellungen über Stadtplanung, so daß man heute planvolle rechtwinklige, sternförmige oder kreisförmige Muster dem Barock zuordnen kann, schiefwinklige Viertel mit verschiedenartiger Bebauung dem liberalistischen 19. Jahrhundert, Gartenstädte mit Einzelhäusern

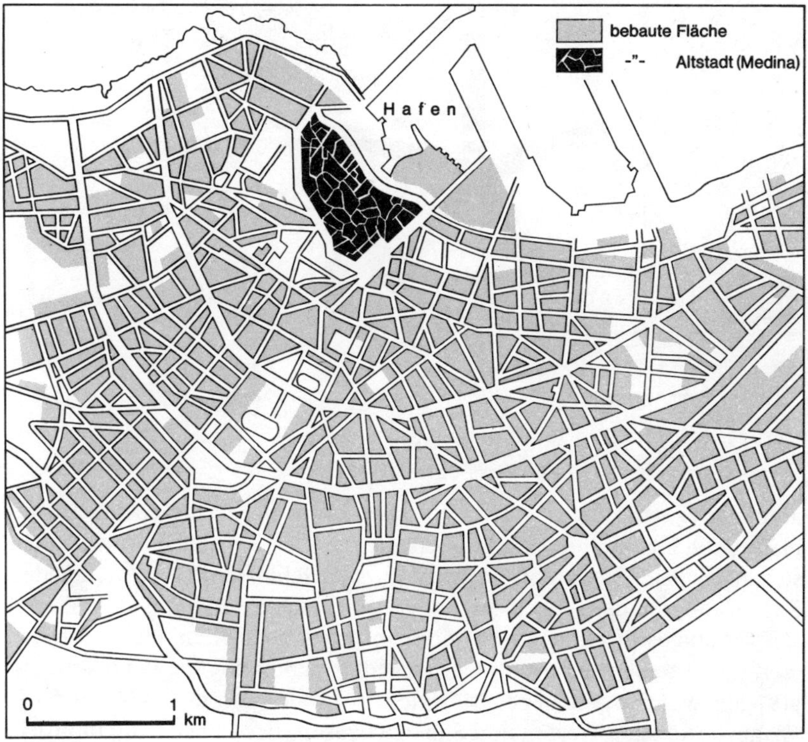

Abb. 53: Wachstumsringe von Casablanca (nach der Karte von Marokko 1:50 000).

an geschwungenen, dem Gelände angepaßten Straßen dem 20. Jahrhundert. Heute wohnen in den alten Kernen die einfachere Bevölkerung und Ausländer besonders zahlreich, in den Mietblöcken der Jahrhundertwende die ältere Generation, während in den Neubauvierteln junge Familien vorherrschen. Wenn eine Stadt nicht in Form von konzentrischen Ringen gewachsen ist (Abb. 53), so ist zu fragen, ob das unbebaute Gebiet sumpfig, hochwassergefährdet oder zu steil ist oder ob ein Bahndamm (Abb. 61) die Ausdehnung in einer Richtung erschwert hat. Tief unter hochgelegenen alten Festungen haben sich an Mühlen, Brücken, Quellen und anderen Stellen jüngere Nebensiedlungen entwickelt, z. B. Solliès-Pont unterhalb von Solliès-Ville. Ihr Grundriß ist nur ausnahmsweise geometrisch (geplant ist z. B. Carcassonne-Basse). Hat die „Unterstadt" die Festung inzwischen überflügelt?

Die Altstadt („Medina") von Casablanca ist auf der Karte (Abb. 53) hell schraffiert, das unregelmäßige Netz der Gassen dunkel gezeichnet. Vor der elliptischen Stadtmauer sind im Westen und Süden Vorstädte in

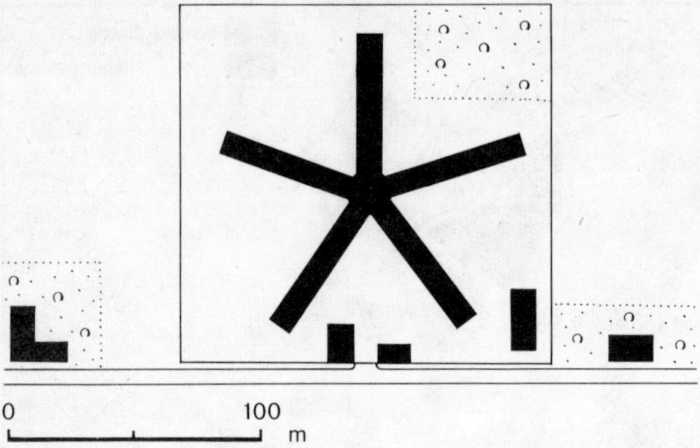

Abb. 54: Grundriß eines Gefängnisses.

ähnlicher Textur zugewachsen. Vor den Toren liegen dreieckige Marktplätze, von hier strahlen die Straßen auseinander. Zwischen diesen haben sich nach 1912 Franzosen an geraden, sich schiefwinklig schneidenden Straßen angesiedelt. Auch die äußersten, geschlossen geplanten Viertel „Oasis" und östlich davon sind noch geometrisch auf einen Platz zentriert. Erst „Anfa Superieur" ist als Gartenstadt geplant. Wie die Bevölkerungsgruppen wohnen, so liegen sie auch im Tode getrennt. Während die Wohnviertel nach Westen und Süden wuchsen, siedelte sich die Industrie im Osten an, und der Hafen dehnte sich nach Norden aus, wobei die Becken immer größer und wohl auch tiefer wurden.

Wenn eine Stadt ein dichtes Nahverkehrsnetz hat, greift das Wachstum auf die benachbarten Dörfer über, zunächst wurde die „Bahnhofstraße" bebaut, dann die Straße zur Stadt, schließlich auch andere Richtungen, bis aus dem Dorf ein Vorort geworden war, unter dessen neueren Häuserzeilen der alte Kern nur noch an der engeren Stellung, den unregelmäßigen Straßenmustern und der Lage der Kirche zu erkennen ist. Wenn sich die Verkehrswege weiterhin dort treffen, wird sich der Kern zu einem Geschäftszentrum entwickelt haben; oft hat sich dieses aber an einen jüngeren Knoten verlagert. Dann ist der Gegensatz zwischen einem bäuerlich-kleingewerblichen, konservativen Kern und den neueren Vierteln, in denen viele Zugezogene wohnen und Geschäfte eröffnet haben, scharf. Wenn der Name des alten Dorfes in schrägen Großbuchstaben geschrieben ist, ist dieses in das Zentrum eingemeindet worden; stehen die Großbuchstaben dagegen aufrecht, so ist das Dorf auf 10000 Einwohner angewachsen und zur Stadt erklärt worden. Ist bei Straßen und Häusern ein Plan zu erkennen? Ist mit dem Boden hausgehalten worden?

Ordnen sich die neuen Viertel dem alten Feldwegnetz unter, oder ist das Straßennetz neu geplant? Sind die Häuser in Form großer Blöcke gebaut oder stehen sie einzeln in Gärten? Ist ein Viertel durch Höhe (Dunstfreiheit), Hanglage (Aussicht), Nähe von Wald und Wasserflächen bevorzugt, und sind dort die Gärten besonders groß? Dann dürften dort die Grundstücke teuer sein und von einer sozial gehobenen Schicht bewohnt werden. Bei neuen Vierteln stimmen Grundriß und Funktion noch überein, bei älteren erkennen wir nur die Funktion, die ihnen in der Epoche ihrer Erschließung zugedacht war. Dem seither eingetretenen Wandel folgt die Bausubstanz nur träge, der Grundriß nur ausnahmsweise (GANSER in Top. Atlas Bayern, Nr. 112–116).

Ist ein Fluß in verschiedene Kanäle verteilt und in die Stadt geleitet (Augsburg), so war das *Gewerbe* bedeutend. Hat es sich zur Industrie weiterentwickelt? Ist der Fluß für die Schiffahrt aufgestaut oder ein Kanal gegraben worden? Sind die Ausfallstraßen für den schnellen Kraftverkehr ausgebaut? Treffen sich viele Straßen in der Stadt, wird der *Handel* eine Rolle spielen. Normalerweise hat sich der Stadtkern zur City entwickelt; wenn aber Bahnhof und Straßenknoten weit abseits liegen (Heidelberg), hat sich häufig das Zentrum verlagert. Verschiebebahnhöfe, Häfen und Lagerhäuser (Abb. 61) sind leicht zu identifizieren.

Schlösser, kleine Sommersitze in der Umgebung, repräsentative Plätze, Alleen und Parks, Theater und Tiergärten verraten uns die fürstlichen *Residenzen* des 17.–19. Jahrhunderts. Sie beherbergen heute vor allem Dienststellen der Verwaltung und viele Schulen. Heißt die ganze Gegend nach der Stadt (z. B. Limousin nach Limoges), so wird die zentrale Stellung betont. Städte mit besonders vielen oder besonders großen *Kirchen* und *Klöstern* dienen oder dienten einem Bischof als Sitz.

Städte mit lockerer Bauweise, Alleen, Parks, Renn- und Bergbahnen sind Bade- und *Kurorte.* Sind Quellen verzeichnet? Liegt das Bad an einer das Relief oder Talnetz prägenden Geraden, gehört es gar zu einer Bad-Linie, so dringt aus größerer Tiefe warmes Wasser mit zahlreichen gelösten Stoffen zutage. Seebäder haben Piers, sind aber von Hafenstädten dadurch zu unterscheiden, daß die Eisenbahn nicht zum Pier fährt und Lagerhäuser und Fabriken fehlen.

Enthält die Karte Siedlungen mit großen, mehr oder weniger geplanten *Wohnvierteln* ohne oder mit nur kleinem alten Kern, so werden wir meist ein Bergwerk, eine Industrieanlage oder ähnliches als Siedlungsimpuls finden (z. B. Tatabanya in Ungarn), oder der Ort dient als „Schlafstadt“ für eine benachbarte Großstadt, die vielleicht außerhalb des Kartenausschnittes liegt, aber an der Randbeschriftung oder der Bündelung von Verkehrslinien zu ermitteln ist.

Wenn wir die Städte des Kartenausschnittes untersuchen auf die Größe des Kerns und der jüngeren Wohnviertel, die Zahl der Verkehrslinien und die Fläche der Industrie, so läßt sich die hierarchische Gliederung der zentralen Orte in erster Näherung schätzen.

Sind zwischen den Teilorten einer Agglomeration Räume freigehalten worden? Sollen Grünzonen übrig bleiben, ist es intensiv genutztes Gartenland (z.B. Knoblauchsland bei Nürnberg) oder ist es zu feucht für eine Bebauung?

Liegen in der Umgebung der Stadt große Steinbrüche, so dürften die älteren Häuser, mindestens ihre Sockel, aus Haustein gebaut sein; Ziegeleien deuten dagegen auf Backstein als Baustoff (Abb. 60).

Zum Vertiefen

Beispiele für Stadtgrundrisse finden sich im Diercke Weltatlas auf den Seiten 36/37, 50, 125, 128 und anderen.

Vegetation, Tierwelt, Land- und Forstwirtschaft

Vegetation und Tierwelt

Im Gegensatz zu den Siedlungen beschränken sich die Karten bei der Darstellung der Lebewelt auf einzelne Aussagen. Von naturnahen, unerschlossenen Räumen sind Karten erst in kleinen Maßstäben aufgenommen; in den genau dargestellten, dicht besiedelten Regionen sind von der Vegetation nur einzelne Moore oder höhere Gebirge in naturnahem Zustand verblieben. Ein älterer, weniger vom Menschen veränderter Bestand läßt sich aus Flur-, Berg- und Ortsnamen rekonstruieren, z. B. aus Birkicht, Aichstrut, Tannschachen, Lindau, Forchheim, Hüls-(= Stechpalmen)hecke, Hahnenfalz (Auerhahnbalz), Aurach (Auerochse), Otterbeke (Fischotterbach) und Reiherhalde. Die genannten Arten waren an den betreffenden Stellen besonders häufig, also in mehr Exemplaren als in der Umgebung verbreitet, oder durch auffallende, große Einzelbäume vertreten, sie führen uns nur selten zu einer typischen Artenverteilung eines größeren Raumes.

Bei den *Mooren* lassen sich Nieder- und Hochmoore (in Bayern „Moos“ und „Filz“) unterscheiden. Die aus der Verlandung von Seen oder in Tälern mit schlechter Vorflut entstandenen Niedermoore liegen in sehr flachen Wannen und sind vorwiegend mit Schilf und Seggen bestanden. Dagegen sind die Hochmoore in der Mitte höher als am Rand, eine Signatur „Torfstich“ zeigt, daß der Torf mindestens 1 m mächtig ist. Damit das Torfmoos entsprechend stark wachsen kann, muß die Regenmenge groß und die Verdunstung gering sein.

Heiden können in maritimem Klima (dann mit Adlerfarn und Erica) oder in semiaridem (dann mit Steppenpflanzen) vorkommen. In Ostdeutschland bedeutet der Name einfach „Weidewald“, der sonst als „Hardt“, „Kuhläger“ oder ähnliches erscheint. Der größte Teil der Heiden ist aufgeforstet (in Dänemark „Plantasje“), ebenso mancher „Kahlberg“. Ein „Bannwald“ oder „Bandholz“ dagegen durfte nicht beweidet werden, trug also stets einen dichten Wald.

Klimatische Waldgrenzen erscheinen auf den begrenzten Ausschnitten topographischer Karten allenfalls als Höhengrenzen (siehe das Kärtchen 15 „Wettersteingebirge“ im Diercke-Weltatlas). An der Kältegrenze reicht der Baumwuchs in Südexposition höher hinauf, an der Trockengrenze in Nordexposition tiefer hinab; besteht dagegen zwischen Ost und West der größere Unterschied, begünstigen regenbringende oder milde Winde den Baumwuchs auf der einen Bergseite. Hält sich die Waldgrenze unter gleichen Umständen immer gleich hoch, so ist sie wenig vom Menschen beeinflußt, oder der Wald hat nach Aufgabe der Almwirtschaft die alte Grenze wieder erreicht. Ein fließender Übergang kann natürlich oder durch Beweidung hervorgerufen sein, eine scharfe Grenze entstand durch planmäßige Rodung. Galeriewälder oder einzelne Büsche in Mulden des semiariden Bereichs verraten einen Grundwasserstrom. Dagegen deuten die Auwälder der gemäßigten Breiten keine günstigen Bedingungen an, sondern eine Gefährdung durch Sommerhochwässer, die eine andere Nutzung verbieten.

Nutzung des Offenlandes

Durch erfahrene Landsucher, durch wissenschaftliche Standortserkundung, durch jahrhundertelanges Ausprobieren verschiedener Nutzungsarten und durch die Aufgabe ungeeigneter Flächen ist der Anbau vielfach optimal an die Ökotope angepaßt. Das Nutzungsmuster erlaubt sogar, Reliefunterschiede zu erkennen, welche von den Höhenlinien nicht mehr abgebildet werden. In Mitteleuropa bedeutet eine Häufung von Grünland einen hohen Grundwasserspiegel, Nadelwald einen weniger guten Boden, Weinbau in der Ebene eine Julitemperatur über 19 °C und einen sonnigen Herbst. Einzelne Inseln von Offenland in Waldgebieten können auf anderem Ausgangsgestein liegen, im Schollen- oder Faltenland kann z. B. lokal Kalk anstehen, im einst vereisten Gebiet mag Geschiebelehm vorkommen, in einem anderen vielleicht Löß; ein Flachmoor kann durch einen Schwemmkegel lokal bedeckt sein. Werden zwei Talseiten unterschiedlich genutzt, so ist vielleicht die extensiver genutzte steiler, oder es tritt dort ein anderes Gestein zutage. Wenn bei gleichartigem Relief nur am südexponierten Hang nennenswert gerodet ist, nicht aber am Grund und auf der Höhe, so befinden wir uns in einem strahlungsreichen Hochland. Ist umgekehrt in einer Gegend der Wald völlig ausgeräumt, dann sind Boden und Klima besonders günstig; die Gemeinden haben vielleicht weit entfernt auf einem Bergland ein Stück Wald erworben. An den Grenzen der Ökumene können wir die Höhengrenzen des Ackerlands, der Dauersiedlungen und der Almen feststellen, im Weinbaugebiet dessen Verbreitungsgrenze. Meiden die Obstbäume frostgefährdete Becken oder suchen sie umgekehrt gewässerreiche Niederungen auf (Abb. 17)? Wasser gibt nämlich nachts Wärme ab, außerdem verhindert Nebel eine Ausstrahlung. Wenn Fruchtbäume, Wein oder Hopfen mehr als 5%, erst recht wenn sie über 10% der Nutzfläche bedecken, prägen sie die

Landwirtschaft eines Ortes, dieser Leitkultur ordnen sich dann die anderen Betriebszweige unter. Zerstreute Vorkommen können am Anfang einer Entwicklung stehen, meist sind es jedoch Relikte einer einst größeren Verbreitung. Obstbau an steilen Südhängen oder Namen wie Weinberg oder Wingert erinnern an einen früheren Weinbau.

Die Hauptfläche, das Ackerland, erscheint auf topographischen Karten als weißer Fleck. Auch die Flurnamen helfen nicht weiter, denn „Egarten“, „Linsenbühl“, „Gaiswand“, „Gos-(Gans)harde“, „Fersenweg“ und „Hummel-(Bullen)berg“ sind höchstens geschichtlich zu werten. So sind wir bei der Landnutzung auf indirekte Schlüsse mit entsprechend geringer Wahrscheinlichkeit angewiesen. In einem von Industrie durchsetzten Gebiet können wir z. B. Nebenerwerbsbetriebe mit Stallviehhaltung, Kartoffeln, Obstbau und ähnlichem vermuten. Bauern abseits der Ballungsräume in großen Haufendörfern sind von einer intensiven Selbstversorgerwirtschaft noch nicht so stark abgekommen, während große Einzelhöfe rationell für einen nahen oder fernen Markt produzieren.

Wenn nur Teile des Ausschnitts landwirtschaftlich genutzt werden, so ist zu fragen, ob der Rest zu trocken (Abb. 47, „Brunnen“ in den Gärten), zu naß (Abb. 29), zu kühl (nur Schattenhänge oder ganze Fläche wie auf Abb. 3?), zu steil ist (Abb. 55), oder ob der Raum erst wenig entwickelt ist. Truppenübungsplätze (manchmal verschämt „Gutsbezirk“ genannt), Großindustrie inmitten von Ödland oder ähnliches zeigen an, daß die Landwirtschaft hier nur geringe Erträge erwirtschaften könnte.

Sind die Hänge terrassiert? Sind *Hecken* regelmäßig angeordnet (Großbritannien), grenzen sie Felder oder Weiden ab, oder sie nahmen die Lesesteine aus diesen auf (z. B. auf Muschelkalk). Häufen sie sich an einzelnen Hängen, so sind hier Weinberge oder Schafweiden aufgelassen worden, oder sie bedecken Erosionsrisse, Dolinen bzw. ehemalige Abraumhalden.

Reicht ein Dorf auf einer Seite mit seinen Häusern bis an den Waldrand, fehlt also dort eine Flur, so kann ein ungünstiger Boden die Rodung verhindert haben; die Flur ist nicht ringförmig, sondern einseitig vergrößert worden. Oder es sind im Zuge der Verstädterung die Wohnhäuser bis an den Waldrand gewachsen. Besitzt ein Dorf überhaupt nur Äcker in steiler Hanglage, z. B. in Waldtälern, so werden hier die Landwirte nicht rentabel produzieren können. Die Flur wird extensiv genutzt, vielleicht ist sie seit der letzten Revision der Karte sogar verbuscht oder aufgeforstet (Vergleich mit älteren Karten!), vielleicht wohnen im Dorf nur Industriependler.

Gegenwärtig verzeichnen die meisten europäischen Karten nur das Dauergrünland und einige besonders langlebige Sonderkulturen, soweit sie größere Flächen einnehmen. Es wäre zu wünschen und auch technisch möglich, den für einen Standort oder für einen Einzelbetrieb

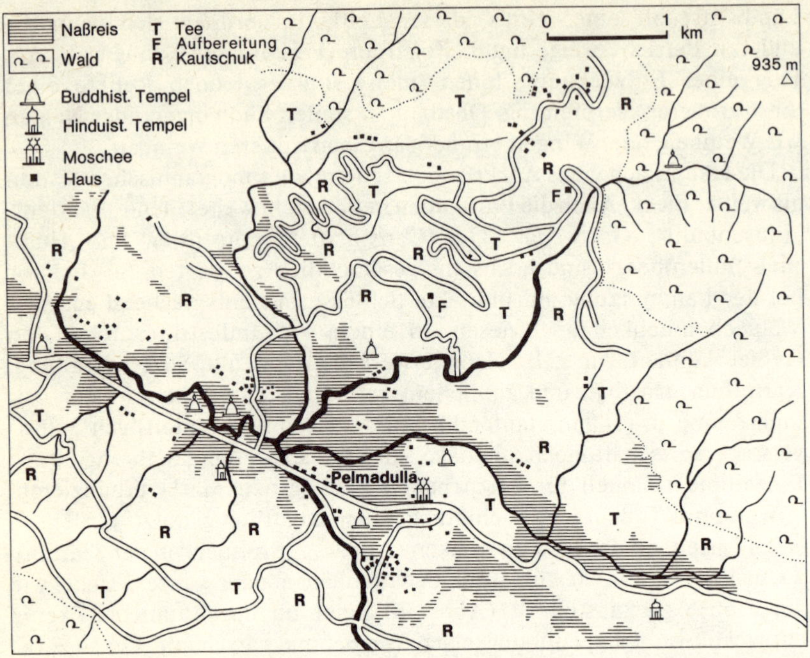

Abb. 55: Nach Anbau, Struktur und Bevölkerung getrennte Wirtschaftsformationen (Dual economy) in den Bergen von Südceylon. Die Talung folgt einem Bruch (nach der Karte von Ceylon 1 : 63 360, Blatt L 19, 20, 24, 25, Ratnapura).

typischen Fruchtwechsel durch Farben, Symbole oder Ziffern in die dargestellte Flur einzutragen (SCHULZ, 1969). Spanische, italienische und einige überseeische Karten differenzieren die Landnutzung schon sehr stark.

Auf ceylonesischen Karten werden Kakao, Kautschuk, Kokospalmen, Gewürze, Tabak und Tee unterschieden; sie lassen Wald und anderes Wildland weiß, während sie mit Sattgrün das Bewässerungsland meinen. Auf der Abb. 55 ist die Talsohle der Rada Ela (=Wasserlauf) bewässert und vorwiegend mit Reis bebaut. Die in Gärten verstreuten Häuser stehen so dicht, daß ihre vielen Bewohner zu einer intensiven Nutzung gezwungen sind. Nicht mehr darzustellen waren die kleinen Schächte, aus denen Rubine, Saphire und andere Edelsteine aus dem Schotterkörper gefördert werden. Höher am Hang ziehen sich Kautschuk- und schließlich Teepflanzungen hin, die Serpentinenstraßen sind modern trassiert, die Gärten und Häuser auf wenige Stellen konzentriert, es handelt sich um die Arbeitersiedlungen der Großpflanzungen, die „factories" („F") bereiten den Tee auf. Talboden und Hang sind also wirtschaftlich völlig getrennt, die Signaturen für buddhistische und hinduistische Tempel und Moscheen lassen auch eine ethnisch-soziale Vielfalt vermuten. Am häufigsten sind die buddhistischen Stupas, die buddhistische Gruppe dürfte also einheimisch sein, während die hinduistischen Tamilen hier erst von den Engländern ins Land geholt wurden und die Moslems von der Ostküste zuwanderten. Die Teepflanzungen steigen hier bis auf 750 m, die Höhengrenze verläuft gezackt und läßt sich also nicht klimatisch deuten, die guten Qualitäten wachsen sogar erst in den noch höheren Lagen.

Zum Vertiefen
Karten 2/3 (Moseltal) und 49 (Champagne) im Diercke Weltatlas.

Wald

Welchen Anteil nimmt der Wald an der Gesamtfläche des Ausschnitts ein? Ist er gleichmäßig verteilt oder häuft er sich in bestimmten Gebieten? Steht er nur auf steilen Hängen oder bedeckt er auch Ebenen? Sind diese zu sandig, zu tonig (auf Ton, Mergel oder Schiefer als Ausgangsgestein, oder auf Kalkverwitterungslehm), zu naß oder zu trocken für den Ackerbau? Oder ist das Gebiet wegen seiner Höhenlage klimatisch benachteiligt? Sind die Grenzen dem Relief angepaßt oder laufen sie geometrisch? Viele größere Waldinseln im Offenland sind nur historisch zu verstehen, vielleicht war ihr Besitzer besonders konservativ („Mönchsholz") oder jagdlustig („Herrenwald") oder auf das Brennholz angewiesen („Stadtwald"). Namen, Markungsgrenzen und Zufahrtswege können ein Dorf als Besitzer ausweisen, auch die „Spitalwälder" sind meist an die Gemeinden übergegangen.

Steht in den Gemeindewäldern noch Laubholz? Oder ist ein „Eichberg" jetzt von Nadelwald bedeckt? Ist das Wegenetz nach Bedarf angelegt? Ein quadratisches oder überhaupt ein geometrisches Wegenetz sowie Distriktsnummern deuten auf Staatsbesitz oder Großprivatwald, der rationell bewirtschaftet wird, Sternwege auf einstige fürstliche Hirschjagden. Schmale Waldparzellen zwischen Wiesen oder Äkkern lassen vermuten, daß hier Gemeindewald aufgeteilt wurde (häufig in Bayern und Nordwestdeutschland). Einzelne Besitzer haben ihre Streifen gerodet, oder der Vorgang lief umgekehrt: es wurde eine Allmendweide verteilt und von einzelnen aufgeforstet. Namen wie Saupferch, Hirschwald, Tiergarten, Wildpark erinnern an herrschaftliche Wildgehege; Spitalwald, Armenholz, Heiligenbuch an fromme Stiftungen. Bei Naturschutzgebieten geht nur selten aus der Karte hervor, ob Felsen, Gewässer, Flora oder Fauna erhalten bleiben sollen.

Energiegewinnung, Bergbau, Industrie

Ähnlich wie bei der landwirtschaftlichen Produktion beantworten die topographischen Karten unsere Fragen über gewerbliche Produktionsstätten nur sehr dürftig. Ohne daß deshalb die Übersicht verloren ginge, könnte man z. B. „Transistoren", „Baumaschinen" oder „Soda" in Weiß in die schwarzen Rechtecke schreiben oder neue Symbole erfinden (analog zu den alten österreichischen Signaturen). Es sei zugegeben, daß Betriebe in andere Hände übergehen, den Namen oder die Produktion wechseln oder stillgelegt werden, das sind aber doch die Ausnahmen; die meisten Umstellungen vollziehen sich im Laufe von Jahrzehnten, wären also durchaus im normalen Turnus in die Berichtigungen aufzunehmen. Auf vielen Ausschnitten kann man sich über die Gewerbe der vorindustriellen Zeit („Walke", „Papier-M.", „Abdeckerei") leichter ein Bild machen als über die heutigen, bei denen wir auf den Grundriß und den wenig aussagenden Zusatz „Fbr." angewiesen sind.

Wasser-, Kern- und Wärmekraftwerke

Einen ersten Anhalt über die Bedeutung von Wasserkraftwerken erhalten wir aus der Zahl und den Richtungen der abgehenden Hochspannungsleitungen. Besser können wir die Leistung beurteilen, wenn wir die Fallhöhe mit der Wassermenge multiplizieren. Die Wasserführung läßt sich nach den auf Abb. 12 angegebenen Methoden schätzen; die meisten Werke sind allerdings nicht auf Hochwasser, sondern auf einen mittleren Abfluß ausgelegt. Falls bei einem Flußkraftwerk der Spiegel des Oberwassers nicht angegeben ist, gehen wir soweit flußauf, bis die begleitenden Dämme enden und lesen dort die Höhe der Aue ab. Erscheint das Oberwasser als verbreiterter Fluß oder wurde ein Seitenkanal am Hang entlang geführt? Mußte deshalb die Mündung von Nebenbächen flußab verlegt werden? Wenn die Kraftwerke an einem Fluß numeriert sind, so sind sie meist von einem (halb-)staatlichen Unternehmen nach einem großen Plan erbaut worden. Der oberste Stausee dient dann als Jahresspeicher, damit die folgenden Werke einen ausgeglichenen Abfluß nutzen können.

Während die an den größeren Flüssen aufgereihten Laufkraftwerke zwar bedeutende Wassermengen, aber nur geringe Fallhöhen verwerten können, sind die Verhältnisse bei den Hochdruckwerken umgekehrt. Laufen die Druckrohre oberirdisch (Zahl?) oder im Berg? Wird noch von anderen Einzugsgebieten Wasser durch Stollen in den oberen Speicher übergeleitet? In diesem Fall steht die Energiegewinnung eindeutig im Vordergrund, während viele andere Anlagen gleichzeitig der Schiffahrt dienen oder Hochwässer zurückhalten sollen (s. Kap. Seen). Hat der obere Stausee nur ein bescheidenes Einzugsgebiet und folgt unterhalb des Kraftwerks ein weiterer See (z. B. im Haslital auf Karte 43 des Diercke-Weltatlas), dann ist anzunehmen, daß mit Nachtstrom Wasser aus dem unteren in den oberen Stausee gepumpt und für die Bedarfsspitzen am Tag in Bereitschaft gehalten wird (Pumpspeicherbetrieb).

Stehen Kraftwerke nicht im Fluß, sondern an seinem Ufer, so suchen sie ihn nur wegen ihres hohen Bedarfs an Kühlwasser auf. Kernkraftwerke bevorzugen ungefähr quadratische Gesamtgrundrisse, während bei den Verbrennungskraftwerken ein langgestreckter (= allmählich ausgebauter) Block mit vielen Schornsteinen das Zentrum bildet. Werden sie von Schiffen mit Steinkohle versorgt (Anlände und Halde) oder liegen in der Nähe Gruben? Es kann sein, daß eine Braunkohlengrube verfüllt und rekultiviert ist, das Kraftwerk aber weiterarbeitet (Abb. 56).

Abb. 56: Schornsteinreiches Kraftwerk nahe an einer Grube, Braunkohlenbasis der Ville (Ausschnitt aus der Topogr. Karte 4905 Grevenbroich).

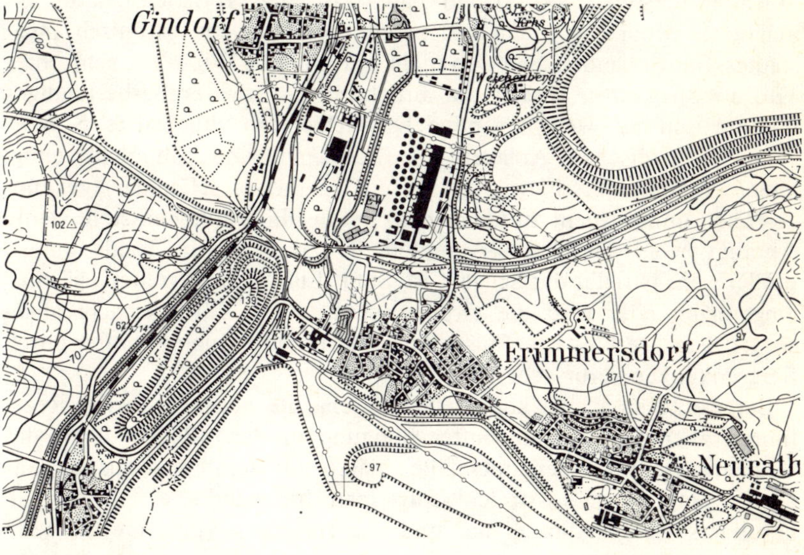

Durch ihre großen Gruben, Abraumhalden und Restseen fallen die *Tagebaue* im Landschafts- und Kartenbild auf. Sie sind groß genug, um den Beschriftungen „Tuff", „Kupfererz" oder „Zinnseifen" (Abb. 48) Platz zu bieten. Fabriken in der Nähe von Braunkohlengruben können Kraftwerke (Abb. 56), Brikettfabriken oder Glashütten (Decksande häufig aus reinem Quarz) sein. Sind die umliegenden Flächen auffallend eben, ragen etwas über die Umgebung auf und sind reines, geometrisch parzelliertes Feld oder Wald, dann sind die Halden mit Boden abgedeckt und rekultiviert worden. Wenn planmäßige, junge Siedlungen alte Namen tragen, sind vielleicht alte Dörfer verlegt worden, um den Bodenschatz auch dort zu gewinnen. Phantasienamen wie „Fortuna" deuten auf Wohnsiedlungen für die Beschäftigten der Grube; zwischen ihren Bewohnern und denen der umliegenden Bauerndörfer besteht dann ein erheblicher soziologischer Unterschied.

Aus Gruben in Niederungen holt man junge Sedimente, z. B. Flußschotter, Sand, Ton, Torf und ähnliches. Kiesgruben können klein und nur zeitweise benutzt sein (Gemeindebesitz), große Betriebe fördern ständig und bereiten das Rohgut auf (Schwarze Rechtecke = Sortier- und Waschanlagen). Nur wenige Bauern, die Grundstücke in Mooren besitzen, stechen über den Winter noch Torf, die meisten Signaturen sind historisch zu verstehen. Sind dagegen Aufbereitungsanlagen („Torfwerk") verzeichnet, so handelt es sich um Großbetriebe, die vor allem Torfmull herstellen. Auf jeden Fall weist eine Torfstichsignatur ein mächtiges Moor aus, einen verlandeten See oder ein tektonisch angestautes Tal; es handelt sich also nicht nur um eine Wiese mit schlechter Vorflut. *Steinbrüche* lassen auf druckfestes, verwitterungsbeständiges Gestein und auf wenig mächtige Deckschichten schließen (s. S. 69).

Die oberirdischen Anlagen von *Schächten* sind zahlreich genug, außerdem durch „Schlegel und Eisen" (gekreuzte Hämmer) gekennzeichnet, um sie nicht zu übersehen. Bei der Förderung entsteht wenig Abraum, wohl aber beim Abteufen, deshalb wird die Halde um so größer sein, je tiefer der Schacht ist. Sind „Luft"- oder „Wetterschächte" eingetragen oder wird die Grubenluft aus dem Förderschacht abgesaugt? Seen, verbreiterte Flüsse oder versumpfte Auen könnten durch Bergsenkungen verursacht sein.

Bergwerke am Hang können Schrägschächte besitzen, in der Regel führen aber *Stollen* mit sanfter Steigung in den „Berg", damit das Grubenwasser mit eigenem Gefälle abläuft. Von dem Punkt aus, an dem ein Erzgang zutage ausstreicht, folgt man ihm ständig, es fällt deshalb besonders wenig Abraum an, und die Halden werden sowohl beim

Kartieren wie auch beim Kartenlesen leicht übersehen. Weil man mit einem bescheidenen technischen Aufwand auskommt, können solche Halden schon aus der Zeit vor 1800 stammen. Aus dem gleichen Grund lohnt sich ein Stollenbau auch bei weniger wertvollem Material, z. B. Marmor, Anorthosit, ja sogar bei Kalkstein. Lassen sich mehrere Mundlöcher zu einer ebenen oder geneigten Fläche verbinden, so liegt der Bodenschatz in einem flach lagernden oder geneigten Sediment (Kohle, sedimentäres Eisenerz), eine Reihung deutet auf Erzgänge entlang von Spalten oder Kontakten.

Niederländische Karten verzeichnen jede einzelne Erdöl-Pumpe durch eine Signatur. Ordnen sich diese zu einer langen Reihe an, so deutet dies auf einen tektonischen Sattel; ein ringförmiges Lager umgibt einen Salzdiapir (Dom).

Aufbereitende Betriebe, die z. B. Rohsalz reinigen, sind oft durch Seilbahnen mit weit entfernten Gruben verbunden. Einige davon wurden ursprünglich direkt bei einer Grube errichtet, deren Lager aber erschöpft sind, andere sind von vornherein in verkehrsgünstiger Lage, nicht bei einer Grube, erbaut worden. Wenn Erze, vor allem Bunt- und Edelmetalle gefördert und in „Pochen", „Puchern" oder „Wäschen" aufbereitet wurden, dürfen wir mit Grundgebirge oder älteren Sedimenten rechnen, bei Eisenerz, Kohle, Öl und Salz mit jüngeren Ablagerungen. Mancher Ortsname ist durch „Eisen-" näher bestimmt; der Erzbergbau und die Verhüttung mögen längst aufgegeben sein, oft deutet aber eine Fabriksignatur an, daß sich die Weiterverarbeitung gehalten hat.

Namen wie Sulz, Hall, -sal weisen auf Salz hin. Steht vor dem Ortsnamen der Zusatz „Bad", so hat sich aus einer Saline ein Solbad entwickelt; um die Luft weiterhin mit Salzstaub zu versetzen, werden manche Gradierwerke (langgestreckt, schraffiert) noch instand gehalten. Kleine Seen entstanden, wenn beim Abbau Wasser in das Lager einbrach, die Pfeiler auflöste und das Gebirge sich senkte. Kalisalzbergwerke suchen in Mitteleuropa - mit Ausnahme der Oberrheinebene - den Zechstein auf, wo er noch von anderen Sedimenten (Buntsandstein) um mindestens 60 m überdeckt und geschützt ist. Der ausstreichende Zechstein ist in einiger Entfernung an Dolinen und anderen Auslaugungsformen zu erkennen.

Da neben Sole auch die anderen *Heilwässer* Bodenschätze sind und überwiegend durch Bohrungen erschlossen werden, seien sie hier mitbehandelt. Schwefelquellen („Bad Faulenbach") entspringen aus bituminösen Sedimenten (in Deutschland überwiegend dem Posidonienschiefer des Lias). Ein „Bad Warmbrunn" liegt an einer Spalte, die Wasser aus sehr tiefen Horizonten zutage fördert; oft reihen sich mehrere Badeorte an einer tektonischen Linie auf (z. B. „Thermenlinie" südlich von Wien). Heilquellen in der Nähe von vulkanischen

Formen (Abb. 26) können ebenfalls warm sein, in der Regel aber führen sie Kohlensäure und sind „Mofetten".

Industrie

Kleinere Werke oder solche innerhalb von Siedlungen unterscheiden sich im Grundriß - oft auch im Aufriß - kaum von öffentlichen oder Wohngebäuden. Wir dürfen annehmen, daß sich einige davon aus der Region selbst, vielleicht sogar aus dem alten Handwerk entwickelt haben.

Große, nach einheitlichem Plan erstellte *Betriebe* in einer ländlichen Umgebung sind durch fremde Initiative und mit fremdem Kapital gegründet worden. Die Konzernspitzen wägen die Standortfaktoren sorgfältig ab, vielleicht können wir die Gründe der Wahl herausfinden. War hier Gelände in einer Hand, war es von geringem Wert für die Landwirtschaft? Hat ein guter Boden zum Bau einer Zuckerfabrik angeregt, die dann mit den Bauern Anbauverträge schließt? Ist das Umland mit großen Dörfern besetzt, so sind arbeitsintensive Branchen möglich. Werden neben dem Werk Rohstoffe gewonnen oder kommen solche über Bahnen oder Straßen? Liegt ein Werk mit mehreren Schornsteinen an einem Steinbruch im Kalkgebiet (Karsterscheinungen), so wird es Zement herstellen. Steht das Werk an einem Schiffahrtsweg (Abb. 59), nahe an einem Bahn- oder Straßenknoten? Führt ein Anschlußgleis ins Werk, so wird viel Material durchgesetzt; mehrere Gleise gehören vielleicht zu einem Hüttenwerk mit vielen Schornsteinen (Abb. 57); wenn die Gleise mehr Raum einnahmen als das Werk, bessert dieses Eisenbahnwagen aus (Abb. 58).

Bei vielen Betrieben dominiert aber der Bahnversand heute nicht mehr. Eine abseitige Lage an bescheidenen *Wasserkräften* ist ebenfalls nur historisch zu verstehen. Als vor einem Jahrhundert solche Werke gegründet wurden, war eine billige und sichere Kraftquelle der entscheidende Standortfaktor, z. B. für Textil- und Papierfabriken; sie sind auch später dort geblieben, weil sie viel Wasser benötigen. Andere bleiben, weil Gebäude und Beschäftigtenstamm wertvoll sind. Ist die Produktion oder die Lagebeziehung geändert? Ein ursprünglich an einem Wasserweg gebautes Werk kann nachträglich an die Eisenbahn ange-

Abb. 57: Wo ein großes Industriegebiet Wasser- und Landwege berührt, treffen alle Verkehrsarten zusammen (im eingedeichten Mündungswinkel war zeitweise ein Flugplatz). Hafen- und Industriebahnen sind mit den Fernbahnen und ihren Verschiebebahnhöfen verknüpft. Gleis- und schornsteinreiche Großgebäude sind Eisen- und Buntmetallhütten. Auffallend ist die Ausdehnung der neueren Wohnviertel im Vergleich zum Stadtkern (Ausschnitt aus der Top. Karte 4506 Duisburg, mit Genehmigung des Landesvermessungsamtes Nordrhein-Westfalen). ▷

RUHRORT
DUISBURG
Ruhr
Hafenkanal
Becken A
Becken B
Becken C
Kaiserhafen
Südhafen
Vincke
Kaiserhafen
Hafenmund
Moerser
Grinden
Kläranlage
Neuenkamp
Parallelhafen
Außenhafen
Innenhafen
Kläranl.
60

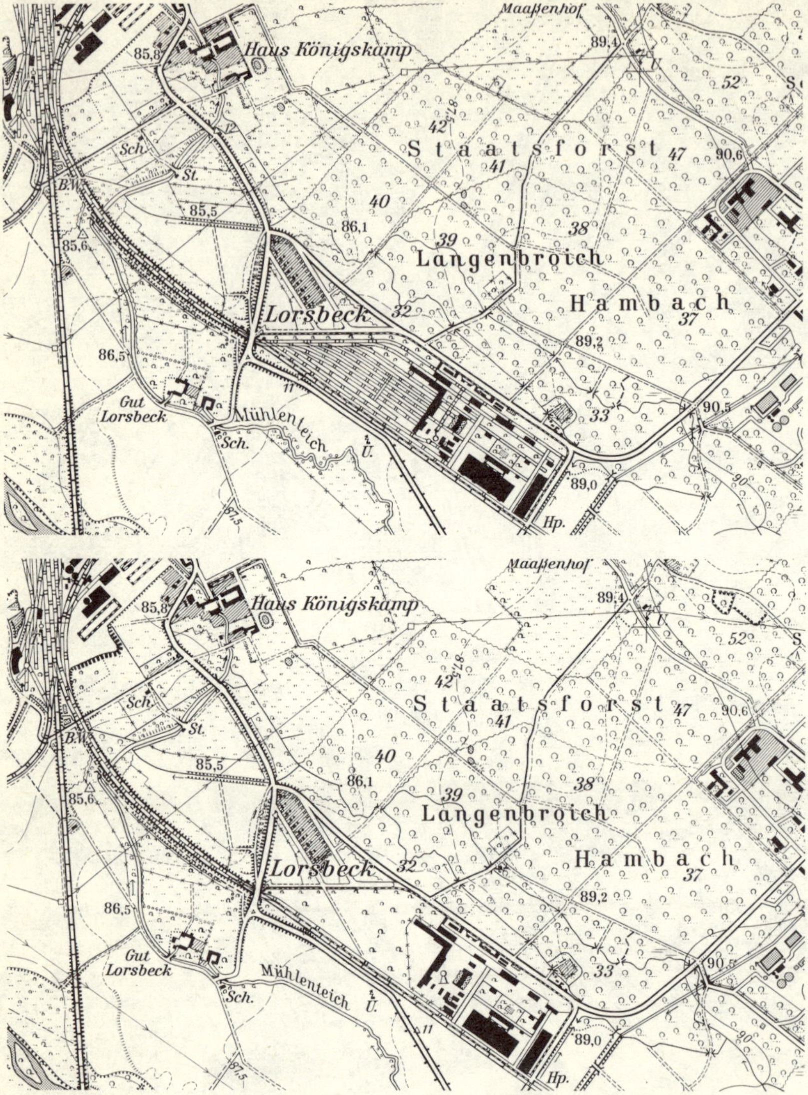

Abb. 58: Eisenbahnreparaturwerk vor und nach der Stillegung (Ausschnitt aus der Topogr. Karte 5004 Jülich, mit Genehmigung des Landesvermessungsamtes Nordrhein-Westfalen).

Abb. 59: Chemischer Großbetrieb stellt synthetischen Kautschuk her. Runde Gasbehälter, Bahnanschluß, Hafen; locker bebaute, junge Wohnstadt (Ausschnitt aus der Topogr. Karte L 4308 Recklinghausen, mit Genehmigung des Landesvermessungsamtes Nordrhein-Westfalen). ▷

HÜLS
DREWER
BRASSERT
MARL
Sicking-
mühle
Lippe
Arenbergischer
Forst

schlossen werden oder umgekehrt. Sind Klärteiche am Werk? Große Werke in der Nähe von bedeutenden Wasserkräften widmen sich der Elektrometallurgie (besonders Al) und -chemie. Großbetriebe an Schiffahrtswegen, besonders in den Seehäfen, verarbeiten eingeführte Erze (z.B. Duisburger Kupferhütte, Abb. 57) oder Lebensmittel (z.B. Pflanzenfette, Kakao, Getreide), andere bauen oder reparieren Schiffe oder stellen Schiffsausrüstungen her („Hafenindustrie" OTREMBAS). Anlagen mit schwarzen Kreisen können Öllager (Abb. 57), Raffinerien (Abb. 61, Kreise und Rechtecke) oder kommunale Kläranlagen (am tiefsten Punkt einer Gemarkung) sein.

Wurde versucht, den Großbetrieb durch Wiesen- oder Baumstreifen einzugrünen? Hat das Werk Wohnsiedlungen erbaut? Sind diese geometrische, ältere „Kolonien" (Kol.) oder lockere Gartenstädte (Abb. 59)? Manche derartige Neusiedlung hat bereits beträchtliche Größe erreicht (Odda in Norwegen). In dicht besiedelten Gegenden konnten aus dem Umland genügend Arbeitskräfte gewonnen werden, die Dörfer sind dann stark gewachsen. Bei den alten, großen Industriestädten (z.B. Birmingham) ist eine bunte Branchenstruktur anzunehmen.

Unter allen Zweigen ist die Baustofferzeugung am breitesten über das Land gestreut (über Steinbrüche s. S. 69). Die *Ziegeleien* sind deshalb mit eigenen Abkürzungen bezeichnet (Zgl., in Österreich Z.O., in Frankreich t^{ie}). Konzentrieren sie sich auf Flußniederungen, so bauen sie Schlick ab, sie sind oft die einzigen Gebäude innerhalb der Überschwemmungsaue, sie liegen aber erhöht. Sind Ziegeleien gleichmäßig verteilt, dann steht überall geeignetes Material an, z.B. Ton, Schluff, Mergel, Löß oder Verwitterungslehm. Auf dem Kartenblatt Schweidnitz (Abb. 60) werden 1926 Löß und Geschiebelehm an vielen Stellen abgebaut; um den Markt der Stadt kämpfen sogar zwei Firmen. Die Häufung von Werken im Nordteil des Ausschnitts erklärt sich aus einem besonders geeigneten Material (Kaolin). Daß sich mitten im Eulengebirge noch drei Betriebe finden, ist nur nach weiteren Überlegungen zu verstehen. In der Saale-Zeit war das Flachland vom Inlandeis bedeckt, die Weistritz staute sich daran und füllte diesen See im Lauf der Zeit mit Bänderton zu. In den letzten Jahrzehnten haben sich hier und anderwärts die Ziegeleien vermindert; nur Betriebe auf hochwertigen Rohstoffen und in der Nähe großer Bedarfsgebiete konnten sich halten.

Auch auf Karten, die eben erst aus der Druckpresse kommen, ist das Verbreitungsmuster der Ziegeleien vielleicht schon historisch. Über die „Ziegelhütten" oder „Ziegelstadel" können wir dieses Bild leicht bis ins vorige Jahrhundert extrapolieren. Auch die verzeichneten *„Mühlen"* sind vielfach jetzt in Kraftwerke, Fabriken, Bauern- oder Gasthäuser, Jugendheime oder Zweitwohnsitze umgewandelt. Eine gleichmäßige Streuung der Mühlen ist normal; die Nachbarschaft von Schlössern,

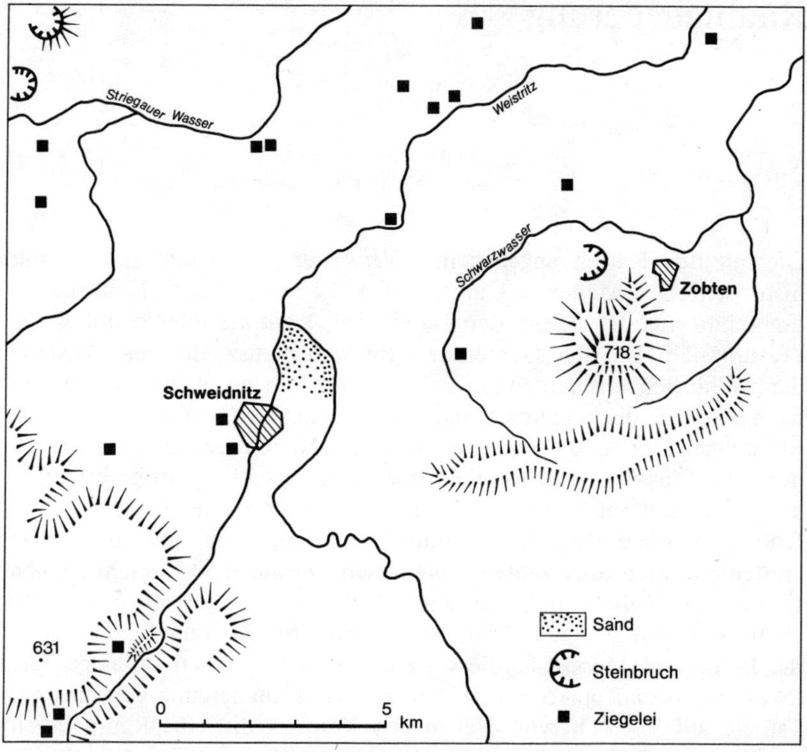

Abb. 60: Verbreitung von Ziegeleien und Steinbrüchen am Sudetenrand. Die Doppelsignatur bezeichnet eine große Tonwarenfabrik. Stausee-Sedimente im Gebirge, Löß und Tertiärton im Vorland (nach der Karte des Deutschen Reiches 1:100 000, Blatt 449 Schweidnitz von 1926).

Burgen oder Klöstern deutet an, daß im Mittelalter nur ein Grundherr ein so aufwendiges Werk vollenden konnte. Manche Täler sind fast unbesiedelt, nur Mühlen reihen sich dicht hintereinander. Besitzt die Hochfläche keine Bäche, weil sie aus Kalk besteht? Oder ist die Hochfläche ebenfalls bewaldet? Dann können die Mühlen die letzten Reste wüstgefallener Dörfer oder von Eisenhämmern sein. Mit „Mühl" wurden auch Sägewerke (S.W.), Papierwerke (Lumpen als Rohstoff), Tuchwalken u. a. bezeichnet. Ist der Triebwerkskanal noch erhalten?

Weil in Waldgebieten die Karten genügend Platz für Inschriften bieten, sind wir über die meist schon seit einem Jahrhundert erloschenen *Waldgewerbe* gut unterrichtet. „Gläserholz" oder „Neuhütte" erinnern an die wandernden Glashütten, „Aschenloch" an die zugehörige Pottaschensiederei. An der „Harzsod" wurde Fichten- oder Kiefernharz gesotten, auf der „Kohlplatte" Holzkohle, in „Schindelberg" Holzschindeln erzeugt.

Raumgliederung

Die auf den Karten angegebenen Verwaltungseinheiten sind oft nur historisch zu verstehen, sie umfassen meist verschiedene Naturräume, um schon auf der Ebene der Landkreise, Kantone oder counties die Leistungsfähigkeit der Gemeinden ein wenig auszugleichen. Anstelle der willkürlich erscheinenden politischen Grenzen suchen wir besser nach solchen, die möglichst homogene Räume voneinander scheiden. Bei einiger Übung erkennen wir die unterschiedlichen „Muster" rasch, denn die Flüsse sind in jeder Raumeinheit verschiedenartig verknüpft, die Berge sind anders geformt oder anders angeordnet. Unter den von King genannten Parametern können wir einige sehr gut aus Karten entnehmen, viele auch zahlenmäßig fassen: Die auf S. 50 f. beschriebenen Formen des Reliefs sind nach dem Flächenanteil von Tief- und Hochebenen und von Hängen zu gliedern, Symmetrie, Richtung und Abstand der Berge sind Merkmale, die wir ebenfalls sehr schnell auffassen. Die theoretische und praktische Bedeutung der Hangneigung geht aus der Tabelle auf S. 52 hervor. Neben den Formen, die eine Raumeinheit regelhaft ausfüllen, können aber auch einige selten vorkommende Einzelformen, z. B. eine Gruppe von Insel- oder Vulkanbergen, eine Gegend prägen. Mit den Formen des Reliefs eng verknüpft ist das Gewässernetz; dessen Dichte (s. Abb. 5) und Verzweigungssystem gehen nämlich ebenfalls auf die Art und die Lagerung der Gesteine zurück.

Aus Hangneigung und Flußgefälle (s. S. 29) lassen sich Erosion und Akkumulation schätzen. Die verschiedenen Abschnitte eines Hangs oder eines Flußtals ändern ihre Eigenschaften stufenweise; mit der Höhenlage, der Neigung und dem Abstand zum Fluß ändern sich auch Mikroklima, Wasserhaushalt, Vegetation und Böden. Eine solche „Catena" (Folge von homogenen Standorten) läßt sich bis zu einem gewissen Grad vorausschätzen; die höheren Abschnitte sind z. B. insgesamt kühler, die tiefsten aber am meisten durch Strahlungsfröste gefährdet. Über das Mikroklima, ebenso über den Wasserhaushalt, werden auch die Vegetation und die Böden vom Relief her beeinflußt (Schmithüsen, 1949; Paffen, 1953). In Niederungen verrät uns die Lage der Siedlungen den Verlauf der Uferdämme (s. Abb. 46), Entwässerungsgräben zeigen die Gebiete mit hochstehendem Grundwasser an.

Überhaupt kann die menschliche Einwirkung die Grenzen von Raumeinheiten hervorheben, z.B. über die Bodennutzung, die Dichte der Siedlungen oder durch unterschiedlich verlaufende Verkehrswege. Auf farbigen topographischen Karten werden wir durch eine unterschiedliche Waldverteilung schneller auf die Relief-Einheiten aufmerksam als durch die Höhenlinien. Andererseits sind viele Hänge eines Gebirges gerodet, Acker- und Grünland erstrecken sich über verschiedene Einheiten, die Grenzen sind dadurch verwischt worden.

Die aus Relief und Gewässernetz ermittelten Parameter lassen sich zu einer „Naturräumlichen Gliederung“ verarbeiten. An diese halten sich weitgehend auch die Betriebstypen der Landwirtschaft wie auch das Anbaumuster innerhalb eines Einzelhofs oder einer Gemarkung. Sobald sich jedoch Verkehrswege, Siedlungen, Bergbau oder Industrie verdichten, müssen wir den Raum auch kulturgeographisch gliedern. Diese Aufgabe ist nicht einfach, immerhin ordnen sich die Siedlungen zu charakteristischen Mustern an, die auf Unterschiede in der Besiedlungszeit, -dichte und -struktur zurückgehen (s. S. 87 und 94). Deutlich heben sich die Ballungsräume von den ländlichen ab, in denen Dörfer und Städte klein geblieben sind und die Fernverkehrswege, wenn überhaupt vorhanden, nur hindurch- und nicht an die Siedlungen heranführen (Abb. 42 A). Vor der Gefahr, angesichts der Übermacht physischer Daten die Kulturräume an die Naturräume anzulehnen, sollte man auf der Hut sein (Bartel, 1970). Häufig laufen die Verkehrswege an der Grenze von Naturräumen entlang, dort sind dann auch die Siedlungen am stärksten gewachsen und greifen in beide Einheiten ein.

Mit den aus der Karte gewonnenen morphographischen Grenzen werden sich die hydrologischen, klimatischen und Vegetationsgrenzen nicht decken, wir werden unsere Vermutungen durch Betrachtung von Luftbildreihen und durch Begehen fraglicher Punkte absichern. Während wir im Gelände stets von der kleinen zur größeren Raumeinheit fortschreiten, erkennen wir auf der Karte zuerst die Haupteinheiten und untergliedern sie nachher.

Möglichkeiten einer hierarchischen Aufgliederung

Ungefähre Breite in km	Schmithüsen 1949	Neef 1964	Klink 1966	Brink u. a. 1966
100–1000	Zone	Georegion	Landsch.-Gürtel	Zone
	Region	Megachore	Groß-region	Division Province
	Großeinheit	Makrochore	Region	Region
1 –10	Haupteinheit	Mesochore	Haupteinheit	System
0,1 – 3	Fliesengefüge	Mikrochore	Ök.-Gefüge	Facet
0,01– 0,5	Fliese	Ökotop	Ökotop	Element

Bisher haben die meisten Autoren von den Raumeinheiten nur die Grenzen, das Fragwürdigste an jeder Gliederung, eingetragen; eine solche Darstellung hat aber den Vorteil, daß das topographische Gerippe lesbar bleibt oder daß man andere Sachverhalte, z. B. Hangneigungsklassen, in verschiedenen Farben oder Graustufen darüber zeichnen kann. Oder man zieht die naturräumlichen Grenzen in Grün und stellt die Kulturräume mit verschiedenen Flächentönen dar. Die Grenzen sind um so dicker zu zeichnen, je höhere Einheiten (s. oben die Tabelle) sie scheiden. Die Flächentöne werden um so ähnlicher ausfallen müssen, je näher die Einheiten verwandt sind. Soweit die in der Karte eingetragenen volkstümlichen Landschaftsnamen ungefähr den gleichen Raum, wie unsere Einheiten umfassen, werden wir diese Namen übernehmen, notfalls als „obere“ und „untere“ oder ähnliches untergliedern. Weitere Namen sind für Deutschland im „Handbuch der naturräumlichen Gliederung“ zu suchen. Wenn wir neue Namen erfinden müssen, halten wir uns vorwiegend an Relief und Landnutzung.

Anhang

Interpretationsbeispiel Aki-ta / Japan

Im Gegensatz zu Verfassern ähnlicher Publikationen kenne ich weder Land noch Literatur[1], sondern möchte mit diesem Beispiel zeigen, wieviel man mit allgemeinen Geographiekenntnissen und einiger Routine, aber ohne übersetzte Legende, herauslesen kann. Die Originalkarte ist dreifarbig.

Die Isohypsen des Hügellandes fügen sich zu einem unruhigen Bild, die Höhen überschreiten aber nirgends 133 m. Die meisten Tälchen liegen trocken, sie stammen aus einer Zeit, als sich die Haupttäler noch nicht so tief eingeschnitten und den Grundwasserspiegel abgesenkt hatten. Die Verkarstung hat vermutlich laufend zugenommen, das Hügelland könnte ähnlich aufgebaut sein wie die Terrassen des Inn (Abb. 22). Die Unterläufe der großen Täler sind sehr breit; sie ertranken, als in der Nacheiszeit der Meeresspiegel anstieg. Die Schwemmebene ist quadratisch aufgeteilt, wie es in Japan seit dem 7. Jh. n. Chr. üblich ist, sie wird von kleinen Stauteichen im Hügelland aus bewässert, noch größere Flächen von den Strömen aus durch Seitenkanäle, sie dürften zum größten Teil mit Reis bebaut sein.

Durch dünenbesetzte Strandwälle wurde der Omono-Strom zeitweise verschleppt und mündete 8 km weiter nördlich. Der neue Durchbruch ist generell gerade, also vermutlich von Menschenhand gegraben, die Ufer sind von Gezeitenströmen angegriffen. Die Deiche reichen weit stromaufwärts und schützen gegen Flutwellen des Japanischen Meeres ebenso wie gegen Stromhochwässer. Bei der Schneeschmelze im Gebirge oder bei sommerlichen Regenperioden schwillt der Omono auf etwa 1800 m^3/sec an, während der die Stadt Akita durchziehende Fluß höchstens 100 m^3/sec führt (Abb. 12).

Nördlich der neuen Mündung sind einige Dünen und Hohlformen für einen Flugplatz eingeebnet worden; seine Startbahn ist aber nur 1250 m lang (Klasse F), Abfertigungsgebäude, Hallen und Nebenbetriebe

[1] Erst nach der Abfassung erhielt ich einen Satz Luftbilder, um die Deutung zu überprüfen. Herr Prof. Arii-Tokio sei herzlich bedankt!

秋田港
日石秋田製油所
石油化学工場
貨物駅
相染町
土崎港
国鉄土崎工場
将軍野
寺内
高野
向山
外旭川
八柳
神田
八幡田
四谷
飯田
飯島
下飯島
長野
東道
穀丁
鼠田
下谷地
上谷地
五百刈沢
袴腰山
蒲沼
笹岡
南沢
森
水口
天徳寺
新藤田
泉
濁川
添川
湯沢
道川
長田
家下
秋田温泉
手形山スキー場
鉱業博物館
平田篤胤墓
蛇野
赤沼
帝石鉱業所
古四王神社
操車場

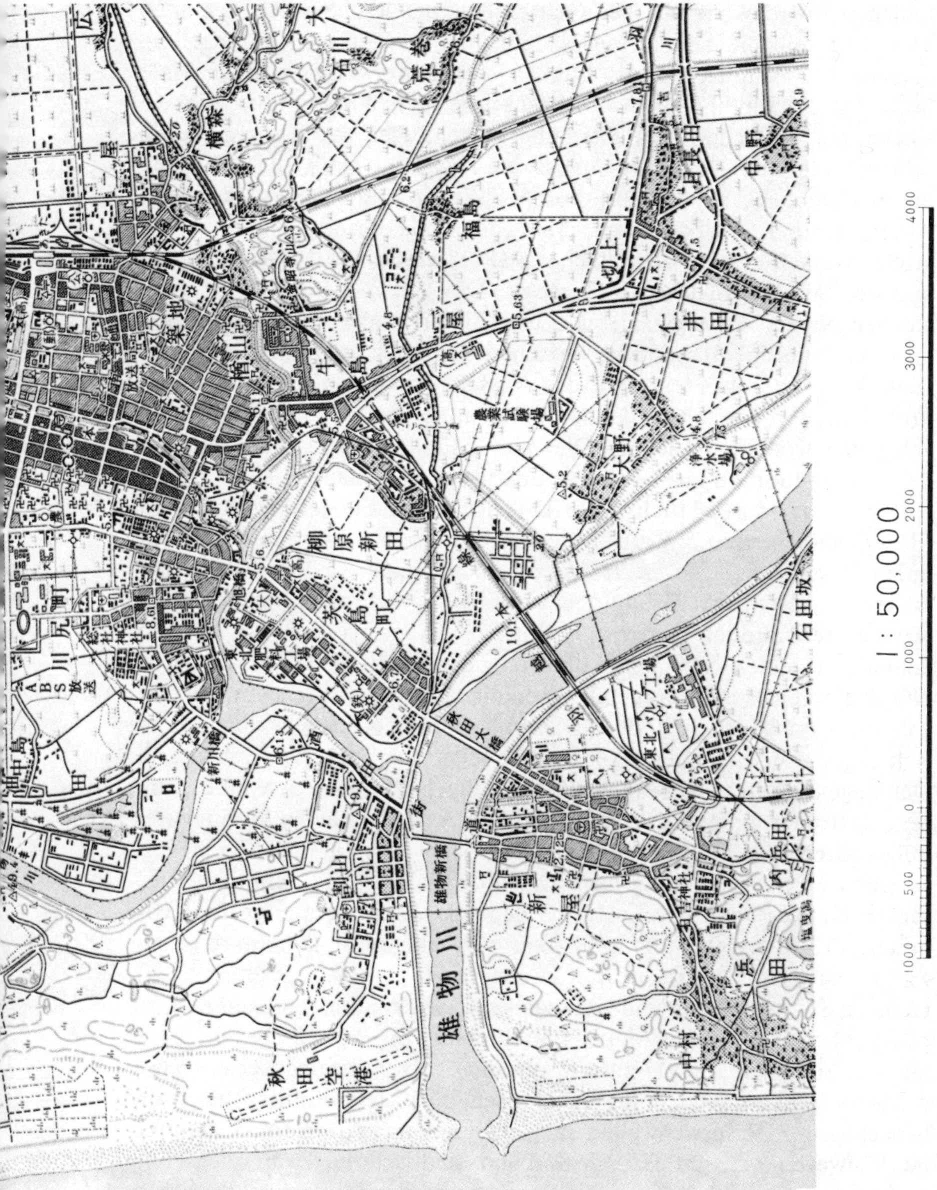

Abb. 61: Küste von Nordhonschu. Durch Dünen abgeschlossenes Schwemmland vor einem Hügelland, jetzt in quadratischer Einteilung für Reis genutzt. Mehrere Städte mit Großindustrie (Schwarzabdruck eines Ausschnittes der vierfarbigen Karte von Japan 1:50 000, Blatt Akita, mit Genehmigung des Geographical Survey Institute in Tokio).

fehlen, er wird wohl nur bei Gelegenheit benutzt. Südlich der alten Mündung sind die Dünen mit Nadelbäumen, vermutlich mit Kiefern, aufgeforstet. Ähnlich wie die Flußverschleppung weist die lange Mole im Süden der Einfahrt darauf hin, daß unter den Winden über Stärke 5 solche mit südlichen Vektoren überwiegen. Der alte Omono ist in seinem untersten Abschnitt ebenso breit wie der neue, die Ufer sind durch Hafenbecken verändert worden. Weiter südlich dagegen ist der Altarm schmal, das östlich anschließende Gelände erst von einzelnen großen Werken besetzt. Vermutlich wurde der westlichste Teil ausgebaggert und der Schlick im Osten aufgespült. Die Hafensiedlung trägt einen eigenen Namen (Tsuchizaki), von hier führen drei breite Straßen und eine mehrgleisige Bahn (mit Verschiebebahnhof auf halber Strecke) nach Aki-ta, der größten Stadt des Ausschnitts, Tsuchizaki ist also ein Vorhafen, der den alten, landeinwärts an einem kleinen Nebenfluß gelegenen weit überholt hat. Die neue Mündung wird nicht genutzt, der Omono führt zu viel Sediment und lagert es in Bänken ab.

Der kleine Fluß südlich von Aki-ta ist in die Ebene eingeschnitten (Böschungsschraffen). Wenn in der Stadt keine Schraffen oder Höhenlinien Platz finden, so ist trotzdem anzunehmen, daß der Kern auf festem und erhöhtem Grund gebaut ist, sonst hätte man ihn sicherlich 1 km weiter nördlich oder östlich im Hügelland angelegt. Mit dünnen Schraffen ist eine geschlossene Bebauung dargestellt, mit Kreuzschraffen offenbar eine besonders dichte[1]. Wenn die Stadt einen alten Kern gehabt hat, dann müßte er westlich des Bahnhofs gelegen haben, dort erhebt sich heute die City mit lockerer stehenden, aber höheren Gebäuden[1]. Der abgewinkelte Teich am Fuß des Hügels könnte einst eine Burg geschützt oder einen Palast umgeben haben. Regelmäßige Wohnviertel mit rechteckiger Textur schieben sich nach Westen und Süden vor, während eine Ausdehnung nach Osten durch die Bahn behindert wird (durch Umwege und psychologisch bedingt). Kleinere und größere Fabriken (Mühlrad-Signatur) schließen sich am alten Omono-Arm zu ganzen Vierteln zusammen, treten aber auch sonst am Stadtrand auf. Ganz im Südwesten wird ein Gefängnis mit seinem dreistrahligen Zellenbau (Abb. 54) von einer Mauer umschlossen. Im Westen sind mehrere Stadien zu einem Sportzentrum vereinigt. Mit Einzelhäusern wächst die Stadt immer weiter in die quadratischen Reisfelder hinein, auch die benachbarten Dörfer schwellen an, ganz besonders Araya am Gegenufer im Südwesten, dessen Grundriß schon städtisch und von mehreren großen Fabriken umgeben ist, diese verarbeiten Holz aus dem mit Laubholz bestandenen Hügelland oder aus dem ferneren Gebirge[1], die anderen großen Werke nördlich des Omono verarbeiten eingeführte

[1] Im Luftbild erkennbar.

Rohstoffe (z.B. zu Dünger, s. auch die Ölraffinerie an der alten Mündung[1]). Die dünnen, geraden Linien, alle 3 mm durch ein seitliches Punktpaar hervorgehoben, können ihrem Verlauf nach nur Hochspannungsleitungen darstellen; drei davon treffen sich am Westrand der Stadt in einem Umspannwerk. Wärmekraftwerke, die wegen des Kühlwasserbedarfs am Ufer liegen müßten, fehlen; Aki-ta wird aus dem Gebirge mit Energie versorgt.

Die Dörfer sind vorwiegend Reihensiedlungen, sie liegen auf Uferdämmen (Südostecke), an Terrassenkanten oder Straßen.

[1] Nördlich der Raffinerie war 1971 ein Stahlwerk mit eigenem Hafenbecken im Bau.

Flurnamen

auf deutschsprachigen Top. Karten häufig vorkommend, manchmal zu Ortsnamen geworden. Über ihre Anwendung siehe JÄGER (S. 29).

-ach	= Ältere Form für Bach
Affalter, Affelter, Affolter	= Apfelbaum
Aisch	= Entwässerungsgraben
Allmend, Allmand	= Gemeindeland, meist Weide
Altenberg	= Platz einer alten Burg oder eines Römerkastells
Altlach	= Rest eines Flußarms
Amer-, Ammer-	= Emmer (alte Getreideart)
Asang	= Durch Abbrennen (Absengen) gerodetes Waldland
Asbach, Aspach	= Eschenbach
-au, -ee, -ey,	= Insel
Aucht, Auchtert	= Nacht- oder Morgenweide für das Zugvieh
Baindt, Beunde	= Flur, die durch einen geflochtenen Zaun (Einbinden) gegen das Weidevieh geschützt war
Bannwald, Bandholz	= Weide- oder Holznutzung eingeschränkt, Jagdreservat
Beilstein, Bilstein	= Grat, Sporn
Boden	= Verflachung im Tallängsprofil oder am Hang
Bohl, Boll, Bölle, Bühl	= freistehender Hügel
Brack, Broich, Brook, Bruch	= sumpfige Flußaue
Breite	= große Äcker, stammen meist aus dem Gut des Ortsherrn
Brink	= gemeinsame Waldweide, später gerodet
Bruder- (z. B. -holz)	= ehemalige Einsiedelei oder einem Kloster gehörig
Brühl	= bestes Wiesenland in Dorfnähe, stammt aus Herrengut
Burgstall, Bürgel	= Ruine
Chrien(s), krien (schweizerisch)	= Schotterfläche neben dem Fluß
Chrüeti (schweizerisch)	= Rodung
Dobel, Döbele, Tobel	= kleine Schlucht
-donk (rheinisch)	= Sandhügel in Flußniederung
Donn	= Düne, Nehrung
Donners- (z. B. -berg)	= Donar's-
Dose	= Moor
Dürr- (z. B. -bach)	= zeitweise austrocknend
Dwo, Do	= dunkler Ton
Effe, Effelter, Effeltrich	= Ulme

Egart, Egarten	= abwechselnd als Acker und Grünland genutzt
Egge	= Kamm
Ehe (Aue)	= Bach
Einöd	= einzeln gelegener Hof
Esels-(halde)	= am Weg zur Mühle
Eulenhof, Ailhof	= Eigenwirtschaft eines Adligen
Eulofen	= Töpferei
Fahr(t), -phar, Fähr	= Fähre, Überfahrt
Fehn, Filz	= Hochmoor
Felben	= Weidengebüsch
-fleet, -fließ (norddeutsch)	= Bach
Flint	= Feuerstein
Fluh, Flue	= Felswand
Frauen-	= zu einem Nonnenkloster gehörig
Furka, Fuorcla, Fürggli (Gabel)	= Sattel, Paß
Galgenberg	= Städtisches Hochgericht oder (Thingstätte?) an Altweg
Gaiern, Gehren, Gern	= spitziger Berg oder Flurstück
Gereut, Greut, Kreut	= Rodung
Gießen	= tiefer Bach ohne Sandbänke
Gos- (norddeutsch)	= Gänse
Greven-	= Grafen-
Grien, Grün, Griess	= Kiesbänke im Fluß
Grind	= Kopf, flacher Rücken
Gumpen	= Tümpel oder Erweiterung in einem Bach
Hag, Hagen	= Hecke, Umgrenzung, Gebüsch
Halde	= Hang
Har-, Haar	= Flachs
Hard, Hardt, Hart	= Weidewald, oft Gemeinbesitz mehrerer Dörfer
-hecken (rheinisch)	= Gebüsch, Eichenschäl- oder anderer Niederwald
Heerweg, Heerstraße	= alte Durchgangsstraße
Hees	= Heide
Heiden-(graben)	= vorgeschichtliche Anlage
Helle	= Hang, Hügel
Herren-(wiesen)	= gehören den Herren einer Kirche, z. B. Domherren
Hirschland	= Hirsefeld
Höll	= Schlucht, in NO-Bayern auch Hammerwerk
Horrem, Horb, Horw	= Sumpf
Hülse, Hils-	= Stechpalme
Hünen-, Hun-	= vorgeschichtliche Anlage
Hungerborn	= Karstquelle, die in trockenen Sommern (Hungerjahre) versiegt.

Hurst	= Gesträuch
Joch	= Sattel oder Paß
Juden-,	= oft völlig aus der Luft gegriffen, teils abfällig gemeint
Judenkirchhof	= nur an Reichsstädten und Reichsritter-Dörfern
Kachlet	= Stromschnelle
Kamp	= Einzelrodung in der gemeinen Mark
Kapf, Kopf	= Kuppe
Kappel	= Kapelle
Kaul, Kuhl	= Grube
Kesten	= Edelkastanien
Kim, Kemm, Kümmel (caminus)	= alte Straße
Kirst (rheinisch)	= ?Rücken?
Klev, Kleff, Klint	= Kliff, Steilufer
Klinge	= Kerbtal
Knock (fränkisch)	= Kuppe
Kogel, Kop, Koppe, Kopf	= abgeflachter Kegel
König(s)-	= Königsgut des Mittelalters
Krems (slawisch)	= Kies
Krien, Kriens	= unbewachsenes Schotterfeld, Kiesinsel
Kürn-	= Mühle
Land, Länder	= kleinparzelliertes Land für Sonderkulturen
Landwehr	= ehemalige Grenze, teils durch Hecken oder Wachttürme gesichert
Landgraben	= Befestigung oder überörtlicher Entwässerungskanal
Laufen (süddeutsch)	= Stromschnelle
-lay, -ley, -lei (rheinisch)	= Felsen
Leimen, Lein-, Laim	= Lehm
Lied, Lieth, Liethe, Leite	= Steilhang, Steilufer
Lim-(burg), Linter	= Linde
Loh (Lauch)	= lichter Wald
Los-	= Die Anteile an der Allmende wurden verlost
Luka (slawisch)	= Wiese
Luß	= naß
Maar, Mar	= sumpfige Wanne
Mahl, Mal-	= Gerichtsplatz, Opferstätte
Marne	= sandiger Rücken in der Marsch
Masch, Mörsch	= Sumpf
Mauer-	= Reste alter (z. T. römischer) Häuser
Michels- (z. B. -berg)	= Michaels-, früher Wotans-Heiligtum
Michel- (z. B. -bach)	= Groß

Miß, Misse, Moos, Muß	= sumpfige Wiesen, Moor
Mutt, Muth, Muotta (rätoromanisch)	= Berg
Nock, Nöck, Nück, Nich	= steiler, oben abgeflachter Kegel
Noor	= Durch Strandwälle abgeschnürte Bucht
Nothalde	= trägt auch in schlechten Jahren Frucht
Ölberg	= Von hier mußte Öl an den Herrn abgeliefert werden
-öhe, -oie, -oog	= Insel
Öhlen-(Ailen-)berg	= Grenze
Ort-	= am äußersten Rand gelegen
Ösch, Esch	= Feldgruppe der Dreifelderwirtschaft, oder Roggenland
Päsch (rheinisch)	= Waldweide
Pfahl-(bühl)	= römischer Limes
Pfannenstiel	= langgestreckte Flur
Placken, Plaggen- (norddeutsch)	= Feld, das mit Mist aus Heidekrautstreu gedüngt und aufgehöht ist
Plon, Plan	= Hochebene
Poche, Pucher	= Pochwerk, in dem Erz mit Wasserkraft zerkleinert wurde
Rain	= steiler Hang, Grenze, Rand
Ramsau, Rammert	= Rabenwald
Rank, Rängg	= Wegkehre
Reichs-	= Königsgut des Mittelalters
Reute, Riet, Ried	= Rodung
Rennweg	= uralter Höhenweg auf der Wasserscheide
Ried	= Moor
Rott	= Rodung, oder Geleitplatz an Altstraßen
Rüfe, Rufenen	= Lawinenbahn
Rütte, Rüti, Rütli	= Jüngste Rodung
Saas, Sass, Sex (romanisch)	= Fels
Sahr-, Ser-	= Flachmoor
-sal, sol-, Sulz, Sülz	= salz- oder gipshaltige Quelle
Schaar	= Uferstreifen, der steil zum Tiefwasser abfällt
-Schanz	= Befestigung, Grenze, strategisch wichtige Talenge, Brückenkopf
Scharte	= Einsattelung in einem Hochgebirgskamm
Schlaa, Schlade, Schledde (nord- u. westdeutsch)	= Schlucht mit gelegentlicher Wasserführung, eigentlich gerodetes (geschlagenes) Tal
Schlier-(bach)	= Schlamm, Ton
Schliff, Schlüf, Schlipf	= Erdrutsch
Schmelz, Schmölz	= Metallhütte

Schütt	= Junge, kaum bewachsene Aufschüttung durch Fluß oder Bergsturz
Schwallung	= ehemaliger Stauweiher zum Flößen
Schwend, Schwärze	= Rodung durch Brand
Seifen	= sandiger Bach, gold- oder zinnhaltiger Sand
Siechen-(haus)	= Asyl für Leprakranke außerhalb des Orts
Siehdichfür	= einsame, meist an der Grenze gelegene Flur
Sieke, Siepen (Westfalen)	= Bach, Sumpf, Tälchen, Schlucht
Siel, Sihl	= Abflußgraben mit einfacher Schleuse in der Marsch, Bach
Sod	= Siedeanlage für Salz oder Harz
Spach-, Speck-(bruck)	= mit Knüppeln befestigter Weg im Sumpf
Spay (rheinisch)	= Insel
Spie(ge)lberg (Specula)	= Leuchtzeichen an Römerstraße
Spital-(holz)	= Grundstück im Besitz eines Bürgerspitals
Strut (Hessen und SW-Deutschland)	= Gebüsch
Sundern, Sondern	= abgesonderter Wald (des Landesherrn)
Tange (norddeutsch)	= Sandrücken im Moor
Teufels-(mauer, -kanzel)	= auffallend, unerklärlich scheinend
Tiergarten	= herrschaftliches Wildgehege (der Barockzeit)
teger	= weit, breit
Triesch	= abwechselnd als Acker und Grünland genutzt
Urfahr, Urphar, Vahr	= Fähre
Ursprung, Urspring, Springe	= starke Quelle, meist aus Kalk
Veen, Vehn, Venn (west- und norddeutsch)	= Hochmoor
Vogelsang	= Rodung durch Brand
Wang	= leicht gewölbter Hang, nordisch = Aue
-ward, -werth, -wörth, -werder, -wurt	= Insel oder Halbinsel, künstlicher Wohnhügel
Warte, -wart	= ehemalige Zollstelle, im Wald Beobachtungsturm für die Jagd
Wies	= Wiese oder Wisent
Wustrow, Wuster-, Ostrov	= Insel
Zelg, Zälg	= gemeinsam bestellte Flur der Dreifelderwirtschaft, tritt nur in zelgenarmen Gegenden als Flurname auf
Zwerch, Zwerenberg	= liegt quer zu Flüssen oder Siedlungen
Zwiesel	= Platz zwischen zwei Bächen oder gegabelter Berg

Literatur

AARTOLAHTI, T., *Etelä-suomen louhikoista (Blockmoränen in Südfinnland)*, in: Terra 1971.

Atlas des Formes de Relief; Paris 1956; in englischer Sprache als „Relief Form Atlas".

BACH, A., *Deutsche Namenskunde II;* Heidelberg 1953/54.

BARTEL, J., *Wege zur Karteninterpretation;* in: Kartogr. Nachr. 1970.

CAMERON, C., *English Place names;* London 1969.

CHORLEY, R. J. (Hrsg.), *Water, earth and man;* London 1969.

CHRISTALLER, W., *Die Parallelität der Systeme des Verkehrs und der zentralen Orte usw.*, in: Tag. ber. Wiss. Abh. dt. Geographentag Frankfurt 1951; Remagen 1952.

CLARKE, J. I., *Morphometry from maps;* in: Essays in Geomorphology; London 1967.

CURSCHMANN, F., *Die deutschen Ortsnamen im nordostdeutschen Kolonialgebiet;* Forsch. dt. Landes- und Volkskunde 19, 1910.

DAUZAT, A., und ROSTAING, *Dictionaire étymologique des noms de lieux en France;* Paris 1963.

DICKINSON, G. C., *Maps and air photographs;* London 1969.

DITTMAIER, H., *Rheinische Flurnamen;* Bonn 1963.

DOORNKAMP, J. C., und KING, C. A. M., *Numerical analysis in geomorphology;* London 1971.

DURY, G. H., *Map interpretation;* London 1967.

EGLI, E., *Geschichte des Städtebaus;* Zürich-Stuttgart 1959.

EXNER, F., *Dünenstudien auf der Kurischen Nehrung;* in: Sitzungsberichte Akad. Wiss. Wien math. nat. Kl. IIa, 137, 1928.

FELS, E., *Der wirtschaftende Mensch als Gestalter der Erde;* Stuttgart 1967.

FEZER, F., *Vom Fjord zum Fjell – ein Profil aus Westnorwegen;* in: Geogr. Zschr. 1966.

Ders., *Eiszeitliche Erscheinungen im nördlichen Schwarzwald;* Forsch. z. dt. Landesk. 87; Remagen 1957.

FOCHLER-HAUKE, G., *Verkehrsgeographie;* Braunschweig 1972.

FREBOLD, G., *Profil und Blockbild;* Braunschweig 1951.

GERMAN, R., *Taldichte und Flußdichte in Südwestdeutschland; in: Ber. dt. Landesk. 31, 1963.*

GRÖHLER, H., *Über Ursprung und Bedeutung der französischen Ortsnamen;* Heidelberg 1913 und 1933.

GROSCH, R., *Die Klassifizierung von Verkehrsflughäfen;* in: Der Verkehrsingenieur, Sonderteil des Int. Arch. Verkehrswesens; Mainz 1963.

GWINNER, M. P., *Morphometrische Untersuchungen im Schichtstufenland in Südwest-Württemberg;* in: Jahresber. Mitt. oberrhein. geol. Verein 1957.

HASTENRATH, S. L., *The Barchans of the Arequipa Region, Southern Peru;* in: Zschr. Geomorph. 1967.

HELMFRID, S., *Östergötland „Västanstang" Studien über die ältere Agrarlandschaft und ihre Genese;* in: Geogr. Ann. 1962.

HEMPEL, L., *Möglichkeiten und Grenzen der Auswertung amtlicher Karten für die Geomorphologie;* in: Tag. ber. Wiss. Abhd. dt. Geographentag Würzburg 1957; Wiesbaden 1958.

HOFMANN, W., *Geländeaufnahme – Geländedarstellung;* Braunschweig 1971.

Ders. und LOUIS, H., *Landformen im Kartenbild,* topographisch-geomorphologische Kartenproben 1:25000 (30 Hefte); Braunschweig 1968 bis 1973.

HOFMEISTER, B., *Stadtgeographie;* Braunschweig 1972.

HORMANN, K., *Torrenten in Friaul und die Längsprofilentwicklung auf Schottern;* Münchener Geogr. H. 26; Kallmünz 1964.

Ders., *Rechenprogramme zur morphometrischen Kartenauswertung,* Schr. Geogr. Inst. Kiel 29, 1968.

Ders., *Morphometrie der Erdoberfläche;* Schr. Geogr. Inst. Kiel 36, 1971.

HORTON, R. E., *Erosional development of streams and their drainage basins; Hydrophysical approach to quantitative morphology;* in: Bull. Geolog. Society of America 1945.

HOWARD, A. D., *Drainage analysis in geologic interpretation;* in: Bull. American Ass. Petrol. Geol. 51, 1967.

IMHOF, E., *Generalisierung der Höhenkurven.* In: Petermanns Geogr. Mitt. Erg. H. 264, Gotha 1957, S. 89–99.

Ders., *Gelände und Karte;* Zürich 1968.

JÄGER, H., *Historische Geographie;* Braunschweig 1973.

JENSCH, G., *Die Erde und ihre Darstellung im Kartenbild;* Braunschweig 1970.

JOHNSTON, R. J., *Numerical methods for map analysis;* in: BOARD, C., u. a. (Hrsg.), Progress in Geography 4; London 1972.

KARRASCH, H., *Das Phänomen der klimabedingten Reliefasymmetrie in Mitteleuropa;* Göttinger Geogr. Abh. 56, 1970.

KEINATH, W., *Orts- und Flurnamen in Württemberg;* Stuttgart 1951.

KEYSER, E., *Städtegründungen und Städtebau in Nordwestdeutschland im Mittelalter, der Stadtgrundriß als Geschichtsquelle;* Forsch. dt. Landesk. 111; Remagen 1958.

KING, R. B., *A parametric approach to land system classification;* in: Geoderma 1970.

KIRWALD, E., *Gewässerpflege;* München 1964.

KLINK, H. J., *Die naturräumliche Gliederung als Forschungsgegenstand der Landeskunde;* in: Berichte dt. Landeskde. 1966.

KNOCH, K., *Die Landesklimaaufnahme, Wesen und Methodik;* Ber. d. dt. Wetterdienst 85 (12); Offenbach 1963.

KNOWLES, R., und STOWE, P. W. W., *Europe in maps;* London 1969 und 1971.

KOZARSKI, S., *The origin of subglacial channels in the North Polish and German Plain;* in: Bull. Soc. Sci. Poznan 1966.

LAGAREC, D., und CAILLEUX, A., *Corrélation entre épaisseur moyenne, épaisseur maximale et surface des glaciers;* in: Zschr. Geomorph. Suppl. 13, 1972.

LANDAU, G., *Beiträge zur Geschichte der alten Heer- und Handelsstraßen in Deutschland;* Kassel 1958.

LAUTENSACH, H., und BÖGEL, R., *Der Jahresgang des mittleren geographischen Höhengradienten der Lufttemperaturen in den verschiedenen Klimagebieten der Erde;* in: Erdkunde 1956.

LA VALLE, P., *Some aspects of linear karst depression development in South Central Kentucky;* in: Bull. Ass. Amer. Geogr. 1967.

LEOPOLD, L. B., und MADDOCK, T. J., *The hydraulic geometry of stream channels and some physiographic implications;* in: U. S. Geolog. Survey Professional Paper 252, 1953.

LESER, H., *Geomorphologie II;* Braunschweig 1968.

LORENZ, D., *Flugzeugmessungen der Bodenoberflächentemperatur am Hohenpeißenberg und in seiner Umgebung;* in: Arch. Met. Geophys. Biokl. 1969.

LOUIS, H., *Schneegrenze und Schneegrenzbestimmungen;* in: Geogr. Taschenbuch 1954/55.

Ders., *Der Reliefsockel als Gestaltungsmerkmal des Abtragungsreliefs;* in: Stuttg. Geogr. Stud. 1957.

Ders., *Allgemeine Geomorphologie;* Berlin 1972.

LÜTTIG, G., *Ist die Relief-Energie ein Maß für das Alter der Endmoränen?* in: Eiszeitalter und Gegenwart 1968.

MEIMBERG, P., u. a., *Die wirtschaftlichen Grenzen der mechanisierten Bodenbearbeitung am Hang;* Schriftenreihe Flurbereinigung 33; Stuttgart 1962.

MÜLLER, W., *Die Wohnplatznamen des Kreises Ludwigsburg;* in: Schwäb. Heimat 1959.

MÜLLER-MINY, H., (Hrsg.) *Deutsche Landschaften, geographisch-landeskundliche Erläuterungen zur Topographischen Karte* 1:50 000; Bad Godesberg, seit 1963.

NEEF, E., *Zur großmaßstäbigen landschaftsökologischen Forschung;* in: Pet. Mitt. 1964.

NIEMEIER, G., *Siedlungsgeographie.* Braunschweig 1972.

NITZ, H. J., *Zur Entstehung und Ausbreitung schachbrettartiger Grundrißformen ländlicher Siedlungen und Fluren;* Göttinger Geogr. Abh. 1972.

OTREMBA, E., *Allgemeine Geographie des Welthandels und des Weltverkehrs* (Erde und Weltwirtschaft 4); Stuttgart 1957.

OVERBECK, H., *Die deutschen Ortsnamen und Mundarten in kulturgeographischer und kulturlandschaftsgeschichtlicher Beleuchtung;* in: Erdkunde 1957 und in: Heidelberger Geogr. Arb. 1965.

PAFFEN, K. H., *Die natürliche Landschaft und ihre räumliche Gliederung;* Forschungen dt. Landeskd. 68; Remagen 1953.

PANZER, W., *Geomorphologie;* Braunschweig 1968.

PIKE, R. J., und WILSON, S. E., *Elevation-relief ratio, hypsometric integral, and geomorphic area-altitude analysis;* in: Bull. Geol. Soc. Amer. 1971.

Place names on maps of Scotland and Wales; Southampton 1969.

PODLOUCKY, J., *Die klimatische Selektion des Geländes und ihre kartographische Darstellung;* in: Mitt. Österr. Geogr. Ges. 1970.

PRECHTL, H., *Geomorphologische Strukturen;* Tübinger Geogr. Studien 17, 1965.

REED, B., GALVIN, C. J., und MILLER, J. P., *Some aspects of drumlin geometry;* in: Amer. Journ. of Science 1962.

RÜHL, A., *Die Typen der Häfen nach ihrer wirtschaftlichen Stellung;* in: Zschr. Ges. f. Erdk. Berlin 1920.

SALISBURY, R. D., und ATWOOD, W. W.; *The interpretation of topographic maps;* Washington 1908.

SAWYER, K. E., *Landscape studies, an introduction to geomorphology;* London 1970.

SCHEUERBRANDT, A., *Südwestdeutsche Stadttypen und Städtegruppen bis zum frühen 19. Jahrhundert;* Heidelberger Geogr. Arb. 32, 1972.

SCHLÜTER, O., *Die Siedlungen im nordöstlichen Thüringen.* Berlin 1903.

Ders., *Die Siedlungsräume Mitteleuropas in frühgeschichtlicher Zeit;* Forsch. dt. Landesk. 63 (1952), 74 (1953), 110 (1958).

SCHMITHÜSEN, J., *Grundsätze für die Untersuchung und Darstellung der naturräumlichen Gliederung von Deutschland;* in: Berichte z. dt. Landesk. 1949.

SCHMITZ, H., *Grenzen und Möglichkeiten geographischer Karteninterpretation;* in: Kartogr. Nachr. 1973.

SCHNEIDER, H. J., *Die Gletschertypen;* in: Geogr. Taschenbuch 1962/63.

SCHNETZ, J., *Flurnamenkunde.* Bayr. Heimatforschung Heft 5; München 1952.

SCHULZ, G., *Versuch einer optimalen geographischen Inhaltsgestaltung der Topographischen Karte 1:25 000 am Beispiel eines Kartenausschnitts;* Berliner Geogr. Abh. 7, 1969.

SCHUMM, S. A.; *The evolution of drainage systems and slopes in badlands at Perth Amboy,* New Jersey; in: Bull. Geol. Soc. Amer. 1956.

Ders., *Meander wavelength of alluvial rivers;* in: Science 1967.

SCHUNKE, E., *Die Schichtstufenhänge im Leine-Weser-Bergland in Abhängigkeit vom geologischen Bau und Klima;* Göttinger Geogr. Abh. 43, 1968.

Ders. und SPÖNEMANN, J., *Schichtstufen und Schichtkämme in Mitteleuropa;* Göttinger Geogr. Abh. 1972.

SCHWARZ, E., *Deutsche Namenforschung.* II. Orts- und Flurnamen; Göttingen 1950.

SCHWARZ, G., *Allgemeine Siedlungsgeographie;* Berlin 1961.

SCOVEL, J. L., u. a., *Atlas of landforms;* New York 1965.

SEIFERT, A., *Ein Leben für die Landschaft;* Düsseldorf 1971.

SMART, J. S., *Statistical properties of stream lengths;* in: Water Resources Research 1968.

Ders. und MORUZZI, V. L., *Quantitative properties of delta channel networks;* in: Zschr. f. Geomorph. 1972.

SÖMME, A. (Hrsg.), *Die Nordischen Länder;* Braunschweig 1967.

SPEIGHT, J. G., *Parametric Description of Land Form;* in: STEWART (Hrsg.), *Land Evaluation;* Melbourne 1968.

STRAHLER, A. N., *Hypsometric (area-altitude) analysis of erosional topography;* in: Bull. Geol. Soc. America 1952.

Ders., *Dimensional analysis applied to fluvially eroded landforms;* in: Bull. Geol. Soc. America 1958.

STURMFELS, W., und BISCHOF, H., *Unsere Ortsnamen im Abc erklärt;* Bonn 1961.

Topographische Atlanten der Länder Schleswig-Holstein (3. Aufl. Neumünster 1966), *Niedersachsen* (2. Aufl. Hannover 1957), *Nordrhein-Westfalen* (Bad Godesberg 1968), *Hessen* (Neumünster 1969) *und Bayern* (München 1968).

TWIDALE, C. R., und FOALE, M., *Landforms Illustrated;* Sidney 1970.

WAGNER, G., *Die Landschaftsformen von Württembergisch-Franken.* Erdgeschichtl. landesk. Abh. Schwaben-Franken 1; Öhringen 1919.

Ders., *Einführung in die Erd- und Landschaftsgeschichte;* Öhringen 1960.

WALTER, M., *Inhalt und Herstellung der Topographischen Karte 1:25 000;* Gotha 1913.

WENZEL, H., *Landschaftsentwicklung im Spiegel der Flurnamen.* Arbeitsergebnisse aus der mittelschleswiger Geest; Schr. Geogr. Inst. Kiel 1939.

WERTZ, J. B., *Sur la prévision de la présence d'affleurements de long des rivières;* in: Zschr. f. Geomorph. Suppl. bd. 12, 1971.

WILHELM, F., *Hydrologie und Glaziologie;* Braunschweig 1972.

WILHELMY, H. (a), *Kartographie in Stichworten;* Kiel 1972.

Ders. (b), *Der wandernde Strom, Studien zur Talgeschichte des Indus;* in: Erdkunde 1966.

WILLIAMS, P. W., *Morphometric analysis of temperate karst landforms;* in: Irish speleol. 1966.

Ders., *Illustrating morphometric analysis of karst with examples from New Guinea;* in: Zschr. Geomorph. 1971.

WIRTH, E., *Damaskus – Aleppo – Beirut;* in: Die Erde 1966.

WITKOWSKI, T., *Zu einigen Fragen der Namenforschung in Vorpommern;* in: Forsch. und Fortschr. 1962.

WÖHLKE, W., *Die Kulturlandschaft als Funktion von Veränderlichen;* in: Geogr. Rdsch. 1969.

WUNDT, W., *Flußmäander als Gleichgewichtsform der Erosion;* in: Experientia 1949.

Zeitschrift für Ortsnamenforschung; München-Berlin, seit 1925; als Zschr. f. Namenforschung; Heidelberg seit 1938.

Register

Abfluß ... 13
Abflußmenge ... 23, 24
Ackerland ... 117
Altstädte ... 109
Altwege ... 72, 73
Ästuar ... 48
Aufschüttungsebene ... 64
Auwälder ... 116

Bachschwinden ... 19, 35
Bahnhofslage ... 77
Bannwald ... 115
Baustoff ... 116
Becken ... 53
Bergsturz ... 68
Bergwerk ... 113
Binnenschiffsverkehr ... 80
Bischofssitz ... 113
Bruchstufe ... 57

City ... 113

Deltas ... 48
Dockhafen ... 80
Doline ... 19
Dörfer ... 95
Dreiländerecken ... 104
Dünen ... 65
Durchbruchstal ... 28

Einbruchsbecken ... 54
Einzugsgebiet ... 25
Eisenbahndichte ... 71
Eisenbahnlinienführung ... 75
Eisenbahnnetz ... 76
Endsee ... 19
Erdöl-Pumpen ... 123

Fahrwassertiefe ... 79, 80
Feldwege ... 72
Fernverkehrsweg ... 72
Flur ... 116
Flußdichte ... 18
Flußknick ... 27
Flußmarschen ... 49
Flußnetz ... 15, 19, 21
Flußübergang ... 71
Forstwege ... 74

Galeriewälder ... 116
Gebäudetypen ... 100
Gebirgsrouten ... 71
Gefälle ... 31
Geländeklima ... 53
Gemeindegrenze ... 104
Gesteinsbestimmung ... 18
Gewerbe ... 113
Gletscherstand ... 43
Grenzen ... 130, 132
Großbetrieb ... 101
Gruben ... 123
Grundrißtypen ... 95
Grünland ... 116
Gut ... 100

Häfen ... 80
Hang-Besonnung ... 53
Hangneigungen ... 51
Hauptfluß ... 15
Hecken ... 117
Heiden ... 115
Heilwässer ... 123
Hochwassermenge ... 24
Höhengrenze ... 116
Höhenlinien ... 50
Höhenschichten-Flächen ... 50
Höhle ... 19
Hohlformen ... 65, 66
Hohlweg ... 72
Hügel ... 66
hypsographische Kurve ... 51

Industrieanlage ... 113
intramontane Becken ... 35
Isobathen ... 43

Kanäle ... 79
Kare ... 42
Karsthohlformen ... 68
katholische Bevölkerung ... 101
Kern ... 109
Kliffs ... 48
Klostergründung ... 101
Klufttalnetz ... 19
Knotenpunkt ... 71
Kulturräume ... 131
Kurort ... 113
Küstenformen ... 47

Landgewinnung ... 49
Landnutzung ... 117, 118
Längsprofil ... 29

Leitkultur 117
Lift 78

Märkte 110
Meteorkrater 69
Moore 46, 115
Moränen 66

Nadelwald 116
Nährgebiet 42
Namensschichten 89
Naturräume 131
Nebenfluß 15
Nehrungen 48
Neustadt 109
Niederschlagsmenge 51

Obstbau 116
Offenlandverteilung 116

Quelle 19

Raumeinheiten 130
Rekultivierung 122
Relief 130
Reliefbestimmung 50
Reliefenergie 32
Religionsmerkmale 101
Residenz 113
Richtungen der Flüsse 21

Saisonsiedlungen 100
Salz 123
Schächte 122
Schichtstufe 57
Schlafstadt 113
Schleusen 79
Schlösser 105
Schwemmkegel 27
Seeabfluß 43
Seegenese 44
Seetypen 44
Seilbahn 78
Sozialstruktur 100
Staatsgrenze 104
Stadtbefestigung 109,110
Stadtkern 109
Stadtviertel 110
Stadtwachstum 106
Städtedichte 106
Standortfaktoren 124
Stauseen 47
Steinbrüche 122
Stichbahnen 77
Stillegung 77
Stollen 122
Strand 48
Strandseen 46
Strandwälle 49
Straßendichte 70
Straßenführung 72
Streckensteigung 78
Streusiedlungen 95, 100
Stromschnellen 33

Tagebaue 122
Taldichte 19
Talquerprofile 36
Talrichtung 19
Talsohle 37
Talung 28
Terrasse 39
Tidebereich 48
Tiefe des Sees 44
Torf 122
Trockentäler 28

Ufer 44, 110

Verbreitungsgrenze 116
Verkehr 113, 114
Verkehrslage 107
Verlauf der Verkehrswege 71
Verlauf eines Flusses 22, 23
Versickerung 19
Versiegen 19
Verstädterung 100
Verwaltungseinheiten 130
Viertel 110
Vollformen 65, 66
Vorort 110
Vorstädte 110

Waldbesitzer 119
Waldgewerbe 129
Waldgrenze 115,116
Waldverteilung 119
Wannen 65, 66, 68
Wasserscheiden 73
Weinbau 116
Werksiedlungen 124

Zehrgebiet 42
Zentraler Ort 107, 114
Ziegeleien 124

DAS GEOGRAPHISCHE SEMINAR
PRAKTISCHE ARBEITSWEISEN

Herausgeber

Prof. Dr. Edwin Fels
Prof. Dr. Ernst Weigt
Prof. Dr. Herbert Wilhelmy

Bisher erschienen

Schmidt	*Geologie*
Köster/Leser	*Geomorphologie I*
Leser	*Geomorphologie II*
Scultetus	*Klimatologie*
Fliri	*Statistik und Diagramm*
Hofmann	*Geodäsie*
Reichelt/Wilmanns	*Vegetationsgeographie*
Fezer	*Karteninterpretation*

In Vorbereitung

Arnberger	*Thematische Kartographie*

GEORG WESTERMANN VERLAG

DAS GEOGRAPHISCHE SEMINAR

Herausgeber	Prof. Dr. EDWIN FELS
	Prof. Dr. ERNST WEIGT
	Prof. Dr. HERBERT WILHELMY

Bisher erschienen	WEIGT	*Die Geographie*
	FOCHLER-HAUKE	*Verkehrsgeographie*
	ILLIES	*Tiergeographie*
	DIETRICH	*Ozeanographie*
	SCHERHAG/ BLÜTHGEN	*Klimatologie*
	RICHTER	*Geologie*
	PANZER	*Geomorphologie*
	WILHELM	*Hydrologie und Glaziologie*
	NIEMEIER	*Siedlungsgeographie*
	JÄGER	*Historische Geographie*
	HOFMEISTER	*Stadtgeographie*
	JENSCH	*Kartographie*
	GILDEMEISTER	*Landesplanung*

Weitere Titel zur Vervollständigung der Reihe sind in Vorbereitung, u. a.:

NITZ	*Agrargeographie*
RUPPERT/ SCHAFFER	*Sozialgeographie*
WEIGT	*Wirtschaftsgeographie*

GEORG WESTERMANN VERLAG